本书出版得到"十三五"国家重点研发计划项目"新型增效复混肥料研制与产业化"（2016YFD0200402）、国家重点研发计划项目课题一子课题三"马铃薯化学肥料减施替代技术的优化"（2018YFD020080103）、省级农业科技创新及推广项目"广东省农业纳米共性关键技术研发创新团队"（2019KJ140）和深圳市科技计划项目"专2021N048 环境友好型微生物肥料制备的关键技术研发"（KCXFZ20201221173211033）等项目共同资助。

神奇的马铃薯

张新明　王宗抗　官利兰　主编

气象出版社
China Meteorological Press

内容简介

本书旨在给不同领域和年龄段的读者介绍一些他们所熟知或不熟知的马铃薯知识。本书从马铃薯的起源、传播、分布入手，重点叙述了马铃薯的营养、保健和经济价值，马铃薯的生物学特征、多彩的马铃薯主栽品种和绿色、有机马铃薯种植等技术，丰富多彩的马铃薯食用方法，多种多样的加工产品（如全粉、淀粉等），文学艺术中的马铃薯等。本书对于从事马铃薯或其他涉农产业的工作者、在校学生、消费者等较全面了解马铃薯产业具有一定的参考价值。

图书在版编目（CIP）数据

神奇的马铃薯 / 张新明，王宗抗，官利兰主编. --
北京 ：气象出版社，2022.7
ISBN 978-7-5029-7762-7

Ⅰ．①神… Ⅱ．①张… ②王… ③官… Ⅲ．①马铃薯
－普及读物 Ⅳ．①S532-49

中国版本图书馆CIP数据核字（2022）第128656号

神奇的马铃薯
Shenqi de Malingshu

出版发行：气象出版社

地　　址：北京市海淀区中关村南大街 46 号	**邮政编码：**100081
电　　话：010-68407112（总编室）　010-68408042（发行部）	
网　　址：http://www.qxcbs.com	**E-mail：**qxcbs@cma.gov.cn
责任编辑：蔺学东　毛红丹	**终　　审：**吴晓鹏
责任校对：张硕杰	**责任技编：**赵相宁
封面设计：楠竹文化	
印　　刷：北京建宏印刷有限公司	
开　　本：710 mm×1000 mm　1/16	**印　　张：**10.5
字　　数：203 千字	
版　　次：2022 年 7 月第 1 版	**印　　次：**2022 年 7 月第 1 次印刷
定　　价：49.00 元	

　　马铃薯是世界和中国继小麦、玉米、水稻后的第四大粮食作物，其适应性广，营养、保健和经济价值高且产业链长，是中国"十三五"期间西南和西北边远等省（市、区）精准脱贫的农业支柱产业，必将成为"十四五"乃至将来中国乡村振兴战略顺利实施的富民强农健体的、易于形成"三产"融合的产业之一。加之，马铃薯在世界和中国传播发展过程中，曾经对世界和中国人口的增长做出了很大贡献，且形成了独特的马铃薯文化，世界和中国很多知名作家和画家在他们的作品中都将马铃薯（别名洋芋、土豆、山药蛋等）作为重要的素材和（或）主题加以描写与叙述，更有以马铃薯命名的"山药蛋学派"（该流派的代表人物为赵树理等）。虽然马铃薯在保障世界粮食安全等方面一直扮演着十分重要的角色，但不同领域和年龄段的读者对马铃薯可能存在这样或那样的片面认知。

　　鉴于以上缘故，编者近年来在从事马铃薯种植技术的研究过程中，逐渐萌发了编写一本全面介绍马铃薯知识之书籍的设想，但一直没有付诸实施。幸好2021年春季学期编者开出一门面向全校的公选课，课程名称为"神奇的马铃薯"，这促使编者着手搜集资料，并结合近年来从事冬作马铃薯产业关键技术（主要是养分资源综合管理和马铃薯安全生产）研究、示范及推广工作，计划将其编写成册。

　　本书分为六章，第一章概述由张新明主笔，谭微参与编写，主要介绍马铃薯的起源与传播、世界马铃薯产业概况和中国马铃薯产业概况等；第二章马铃薯的价值由冯剑主笔，主要介绍马铃薯的营养价值、保健价值和经济价值等；第三章马铃薯的安全生产技术由官利兰、王宗抗主笔，华建青、蔡德膨、孟品品和朱婧参与编写，主要介绍马铃薯的生物学特征、多彩的马铃薯主栽品种和绿色、有机马铃薯安全种植技术等；第四章丰富多彩的马铃薯食用方法由陈锐浩主笔，以东北、华北、西北和南方地区分别介绍，贾田参与编写；第五章多种多样的加工产品由邓伟编写全粉、油炸马铃薯片和薯条部分，由管大伟和郭艳编写淀粉、马铃薯渣的综合利用技术和马铃薯淀粉生产废水资源化处理及综合利用等，刘梦丹和黄昌庆参与编写；第六章文学艺术中的马铃薯由刘涛主笔，主要介绍文学作品中的马铃薯和艺术作品中的马铃薯等，最后由张新明、王宗抗和官利兰统稿。本书对于从事马铃薯或其他涉农产业的工作者、在校学生、消费者等较全面了解马铃薯产业具有一定的参考价值。

本书力求兼顾专业性和可读性，但由于编者专业和文学水平所限，不确切性在所难免，敬请同行和读者批评指正，编者不胜感谢！此外，在编写过程中，参考了发表在刊物和各类图书中的有关资料，对涉及的作者和编著者表示衷心感谢！

本书的出版得到了"十三五"国家重点研发计划项目"新型增效复混肥料研制与产业化"（2016YFD0200402）、国家重点研发计划项目课题一子课题三"马铃薯化学肥料减施替代技术的优化"（2018YFD020080103）、省级农业科技创新及推广项目"广东省农业纳米共性关键技术研发创新团队"（2019KJ140）和深圳市科技计划项目"专2021N048环境友好型微生物肥料制备的关键技术研发"（KCXFZ20201221173211033）等项目共同资助，在此一并表示感谢！

编　者

2022 年 3 月 3 日

目 录
Contents

◄◄◄ 第一章 概述 ►►►

在世界的不同国家和地区，人们赋予马铃薯多种多样的名字（黄珂，2002）。例如，西班牙人叫它"巴巴"，芬兰人叫它"达尔多"，意大利人叫它"地豆"，法国人叫它"地下苹果"，比利时人叫它"巴达诺"，德国人叫它"地梨"，美国人叫它"爱尔兰薯"，俄国人叫它"荷兰薯"。

在中国，不同地区马铃薯也有很多名字，如土豆（东北和华北大部分地区）、地蛋（山东部分地区）、洋芋（云南、贵州、宁夏和浙江部分地区）、山药蛋（山西和内蒙古的部分地区）、薯仔（香港、广州等部分地区）、荷兰薯（福建部分地区）（魏章焕 等，2015）。

那么，马铃薯究竟来自何方？在全球又是如何传播的？其生产、流通和消费状况是怎样的呢？请让编者——道来。

第一节 马铃薯的起源与传播

一、马铃薯的起源 *

马铃薯在全球大面积栽培的历史不足 500 年，但它很早就是南美安第斯高原

---

* 本部分主要参考赵国磬等（1988a）。

（山区）先民的主食之一了。公元1536年，继哥伦布接踵到达新大陆的西班牙探险队员，在哥伦比亚的苏洛科达村最先发现了马铃薯。卡斯特朗诺在他撰写的《新王国史》一书中记述："我们刚刚到达村里，所有的人都逃跑了。我们看到印第安人种植的玉米、豆子和一种奇怪的植物，它开着淡紫色的花，根部结球，含有很多的淀粉，味道很好。这种块茎有很多用途，印第安人把生薯切片敷在断骨上疗伤，擦额治疗头痛，外出时随身携带预防风湿病，或者和其他食物一起吃，预防消化不良。印第安人还把马铃薯作为互赠的礼品。"从这段记述可以推断，印第安人栽培马铃薯有悠久的历史。

据有关考古发现，南美洲秘鲁以及沿安第斯山麓智利沿岸以及玻利维亚等地都是马铃薯的故乡。

远在新石器时代人类刚刚创立农业的时候起，印第安人就在这里用木棒松土种植马铃薯了。近代考古学家在靠近秘鲁利马的奇卡盆地发掘出的马铃薯残枝和块茎，经碳14测年测定距今8000年。

在秘鲁北部太平洋沿岸发掘出的陶器上，绘画有形态迥异的各种马铃薯图案。这些陶器象征性地镶嵌着马铃薯的块茎或芽眼，有些陶制器皿上还把马铃薯绘成人形，以次生根表示四肢，芽眼表示嘴巴，长出的幼芽表示牙齿，芽眼周围的突起表示嘴唇。特别是在秘鲁中部山区发掘出一具专供祭祀用的镶嵌有马铃薯图案的陶缸，高8英尺[①]，造型别致，图案美观，从陶器艺术风格推断，应属于穆卡、智姆和印加时期文化艺术，佐证马铃薯在南美洲栽培的时期至少可以追溯到距今4000~4800年。

马铃薯在古代印第安人民生活中十分重要。马铃薯的丰歉和他们的生存息息相关。因此，印第安人尊奉马铃薯为丰收之神。

马铃薯为什么起源于安第斯高原呢？传说远古印第安人在缺少武器和抵御能力低下的情况下，在热带原始森林里常常会遭遇厄运。例如，在潮湿的密林里有大量叮人的昆虫，丛林中会突然出现猛豹和巨蛇，河溪和沼泽地又有长满巨齿的鳄鱼和蜥蝎。尽管那里有丰富的自然资源和可食物品，但他们还是尽可能地避开这种恶劣环境而迁移到寒冷的高地，最后在比较安全的沿太平洋岸高达5000多

---

① 1英尺 = 0.3048米。

米的安第斯高原定居下来，但严寒又给他们带来食物匮乏的厄运。在那里木薯不能良好生长，玉米很难正常结实。饥饿迫使他们从地下寻找可食的东西。达尔文在《动物和植物在家养下的变异》一书中指出："在原始未开化状况下生存的人们，曾经经常被食物的严重缺乏所迫，不得不尝试几乎每一种可以嚼碎和咽下去的东西。我们在几乎所有植物的效用方面的知识，大概都要归功于这些人。"

印第安人在长期的艰苦活动中，终于发现了在寒冷的高原可以生长的马铃薯。那时的马铃薯有浓郁的苦涩味，不那么美味可口。印第安人开始食用马铃薯时，把它切成碎片在河溪里漂洗后晒干，以减少苦涩味，他们可能付出了很多生命代价才学会了这种食用方法，辨认出哪些马铃薯适于食用。在长期的选择过程中，那些宜于食用的马铃薯被保留下来，并且印第安人学会了种植它，不断地选择耐寒品种以及制作贮藏越冬的薯干，使印第安人得以生存和繁衍。后来，经过驯化栽培的马铃薯就逐渐扩展到整个安第斯山区。

考古学家在南美洲沿安第斯山麓的古墓里，发掘出远古印第安人贮藏的称为"朱糯"或"土达"的薯干，它是一种干制马铃薯，呈黑色或白色，经碳14测年测定距今3100年。这种薯干的制备方法今天在南美洲偏僻山区的印第安人仍然沿用。

白色的"土达"是把块茎在严冬季节放在户外4～5夜，日出前盖上一层莒草，然后移入不很深的水池里浸泡两个月，在太阳下晒干制成。黑色的"朱糯"是把块茎冷冻后在阳光下晒软，由妇女光着脚丫踩踩，挤出水分后再晾晒制成。这两种脱水的薯干都完好地保持着马铃薯的形状，体积皱缩，很轻，是印第安人越冬的主要食品。在欧洲殖民者进入南美洲的最初几年里，曾遇到连年饥荒，这种干制的马铃薯还是他们赖以生存下来的重要食品。

早期到过美洲大陆的西班牙人阿亚拉描述印加帝国印第安人种植马铃薯的情况："春天，他们砍去树木，松平土地，用长长的尖头木棍儿在地里戳一个坑，另一个背负种薯的人在坑里放进一个马铃薯，紧跟在后面的人用特制的木槌夯实。在整个马铃薯生长季节，印第安人要精心管理，防止走兽拱食和飞禽侵扰。金秋季节，他们还用尖木棍儿从土壤中挖掘出结实累累的块茎，另一个人把它捡起来，装在口袋里运走。"阿亚拉精心绘制的印第安人播种和收获马铃薯的写实风情画，现今仍保存在巴黎法国人种学研究所里。

马铃薯在南美洲印第安人的语言中有 20 多种名称，这表明它可能是在广大地区的印第安部落不同时期驯化的。例如，在秘鲁北部被称为"伊巴里"或"阿萨"，在哥伦比亚被称为"约扎"或"尤尼"，在昆卡地区被称为"巴巴"，在玻利维亚被称为"肖克"或"安卡"，在智利被称为"波尼"，在厄瓜多尔被称为"普鲁"或"普洛"。而"巴巴"则是印加帝国统治时期印第安人比较通用的名称，"马铃薯"这个名字则是欧洲人沿用的把它与甘薯区分开来的名称。尽管马铃薯已在全世界很多地区种植，"巴巴"这一名称至今仍被南美洲西班牙语系地区的人民广泛应用。

你若有幸到南美洲的秘鲁或智利旅游时，你会在大街小巷的地摊和背筐中看到琳琅满目、品种繁多的炸薯片、蒸薯羹、煎薯饼等马铃薯加工食品，听到拖儿携女的妇女高吭地叫卖"巴巴"声。在《秘鲁风味菜》一书里，还有一道称作"巴卡"的名菜。它的烹制方法是把马铃薯切成条，加入鸡肉和蔬菜拌上佐料，盛在金属盘里再覆盖上几层芭蕉叶，然后放在地灶里，下面是烧红了的鹅卵石，熏炮二三个小时后揭开蕉叶，清香四溢。在家庭招待贵宾乃至国宴上，"巴卡"也是少不了的一道佳肴呢。

二、马铃薯的传播 *

（一）在欧洲的传播

最早把印第安人培育的马铃薯介绍给欧洲人的是 1538 年到达秘鲁的西班牙航海家谢拉。他在 1553 年出版的《秘鲁趣事》一书中记述："印第安人栽培的一种农作物叫'巴巴'，生长着奇特的地下果实，煮熟后变得柔软，吃起来好像炒栗子一样。印第安人在'巴巴'丰收季节非常快乐，还要举行庆丰收的歌舞。"

马铃薯引进欧洲有两条路线。一路是 1551 年西班牙人瓦尔德姆把马铃薯块茎带至西班牙，并向国王卡尔五世报告了这种珍奇植物的食用方法，但直至 1570 年才大量引进并在南部地区种植。西班牙人引进的马铃薯后来传播到欧洲大部分国家以及亚洲一些地区。

---

* 本部分主要参考赵国磐等（1988b，1988c）和佟屏亚等（1991）。

　　另一路是 1565 年英国人哈根从智利把马铃薯带至爱尔兰，1586 年英国航海家特莱克从西印度群岛向爱尔兰大量引进种薯，以后遍植英伦三岛。英国人引进的马铃薯后来传播到威尔士以及北欧诸国，又引种至大不列颠王国所属的殖民地以及北美洲。到 18 世纪中期马铃薯已传播到世界大部分地区种植，它们都是 16 世纪引进欧洲的马铃薯所繁殖的后代。

　　我们把欧洲各国最早记录马铃薯的时间排成顺序，可以大概地看出这种农作物的传播进程。

　　1551 年，西班牙人瓦尔德姆向国王卡尔五世报告印第安人种植马铃薯的情况。

　　1553 年，西班牙人谢拉写了一篇见闻录，介绍他 1538 年在秘鲁见到的马铃薯。

　　1565 年，去新大陆的航海家把马铃薯运至西班牙，国王又把它奉献给罗马教皇庇尤四世（Piu Ⅳ）。

　　1570 年，西班牙人引进种薯在塞维尔地区种植。

　　1581 年，英国人德莱克在智利莫哈岛见到马铃薯，并把它带回英格兰。

　　1583 年，罗马红衣主教把马铃薯作为药物赠送给比利时蒙斯市的谢弗利（Sevry）市长。

　　1586 年，英国人雷利（S-W-Raleigh）说，他曾在爱尔兰柯克伯爵的庄园中看到种植马铃薯。

　　1587 年，英国人卡翁杰在智利圣玛丽亚岛看到正在装运的、准备送给西班牙国王作礼品的几筐马铃薯。

　　1588 年，比利时蒙斯市的谢弗利市长把收获的两个马铃薯块茎和一个浆果赠送给奥地利的法国植物学家克鲁索斯（Clusius）。

　　1589 年，克鲁索斯将新收获的马铃薯块茎和种子赠送给德国法兰克福植物园。

　　1590 年，从新大陆归来的人把马铃薯作为礼品奉献给英王詹姆士一世（James Ⅰ）。同一时期，苏格兰和威尔士也有了关于种植马铃薯的记载。

　　1596 年，卡斯普尔·巴乌辛（C-Baukin）在巴塞尔出版的《植物图谱》中绘制有马铃薯的图形，并首次给它定名为 *Solanum tuberosum* L.。

1597 年，英国植物学家杰拉尔德（G-Gerard）著《植物标本集》中，绘制有马铃薯图像。在版权页上刊有杰拉尔德手执马铃薯花枝的照片，以表示对这种植物的重视，还详细地记述了马铃薯的形态特征。

1598 年，比利时蒙斯市的市长谢弗利寄给植物学家克鲁索斯一幅马铃薯水彩画。此画现存于安特卫普博物馆。

1600 年，法国人谢尔在《农业园地》一书中描述了他在庄园中种植的马铃薯。

1601 年，克鲁索斯著《稀有植物的历史》中，刊有马铃薯的木刻图。

1640 年，捷克斯洛伐克报道在本国种植马铃薯。

1651 年，德国又从奥地利引进种薯并大量种植，同年，法国引种马铃薯。

1663 年，英国皇家学会发布文告，向农民推荐马铃薯。

1665 年，巴黎皇家花园栽培植物名录中正式记录马铃薯。

1683 年，波兰人从瑞士引进马铃薯，最初种植在位于华沙郊区的皇家领地里。

马铃薯作为一种食用作物在欧洲传播，还经历了一条漫长的坎坷曲折的道路。最早，曾有人诅咒它是"恶魔苹果"。

在法国有一则传说：积极主张推广种植马铃薯的农业协会负责人裘尔果，1761 年被官员传讯到里姆省军需处，限令他停止推广马铃薯。但裘尔果坚信马铃薯是无毒的，更不是什么"邪恶之源"，于是把农业协会会员和神甫召集来，向他们宣传马铃薯的食用价值和烹制方法，并当场端出热气腾腾的马铃薯，自己当众津津有味地大吃起来。裘尔果的实际行动有力地驳斥了愚昧意识和宗教偏见，农民放心大胆地扩大了马铃薯的种植面积。同时期的农学家也积极宣传和推广马铃薯。阿狄·蒙梭 1762 年著《农业原理》写道："要努力说服农民无论如何不要轻视这种植物，它还对任何牲畜都有特别的价值，在歉收年份它是人们主要食物来源。如果把这种块茎和上油脂或与腌牛肉一起煮着吃，其味道绝不逊于芜菁。"巴黎红衣主教巴拉尔还以神甫咨文晓谕他所辖教区的祭司和信徒们，把种植马铃薯作为神圣的职责之一，并无偿地发放种薯。

旷日持久的"七年战争"（1756—1763 年）可能对马铃薯在欧洲的广泛传播起着重要的媒介作用。欧洲有 9 个国家卷入了这场战争。英国、西班牙和普鲁士的军队依靠这种耐饥易运的块茎作为给养。疲惫饥饿的士兵只要在篝火旁边烤熟几块马铃薯，就足以平息饥肠辘辘并使精神倍增，使很多参战国家的士兵大为羡慕。当战争结束的时候，他们千方百计把马铃薯块茎作为战利品带回自己的家园。

马铃薯作为食用作物在法国广泛种植，很大一部分功劳应归于农学家安·奥·巴曼奇。他在"七年战争"的一次战役中成为普鲁士军队的俘虏，马铃薯是战俘们长期囚禁生活中唯一的食物，他也就学会了栽培和烹制方法，回国后致力于马铃薯的推广工作，他在 1773 年著文称："广布在地球陆地和水面无数的植物当中，也许没有一种比马铃薯更值得引起高贵公民注意了。对它的任何不公平的评价和诽谤都是冤枉的。"巴曼奇千方百计谋求获得路易十六国王顾问的职位，在宫廷举行的盛大宴会上，他奉献许多美丽鲜艳的马铃薯花枝。他在一次宫廷午宴上用马铃薯烹调了 20 多种美味的菜肴，博得国王的赞誉并使大臣们一饱口福和大开眼界。巴曼奇还在巴黎郊区种植马铃薯高产试验田，千方百计请国王路易十六亲自去耕第一犁并大肆宣传。他的马铃薯示范田每公顷生产 8800 千克马铃薯块茎，而在施肥地上其产量高出 2 倍以上。巴曼奇还故弄玄虚，让荷枪实弹的卫兵白天严密守卫马铃薯试验场，但夜晚又命令他们撤走。好奇的农民在深夜趁机到田间偷走马铃薯，尝一尝马铃薯又软又香的滋味。仅仅在短短的几年之后，马铃薯就从宫廷花园里走向农民的田地，当年的御宴珍品很快上了农民的餐桌。1785 年因天气干旱和病虫肆虐而招致严重饥荒，适应性很强的马铃薯迅速在全国很多地区推广种植。巴曼奇宣传和推广马铃薯，受到法国科学院的嘉奖。据 1788 年 2 月 14 日农业协会报道："他密切的关怀，谆谆的教导，才使现在巴黎市场有了这种产品，它有食用价值，不仅能够作为蔬菜，而且能够代替面包。"从 1789 年至 1892 年的 100 多年里，法国的马铃薯种植面积从 4500 公顷扩大到 160 万公顷，对改善人民生活和战胜饥荒起了很大的作用。同时代法国诗人写下了《盛赞巴曼奇》的诗篇。至今在法国宴会上还有一道以巴曼奇命名的菜肴呢。

大约到 19 世纪初期，马铃薯已在欧洲各国普遍种植，但在很长时期一直未能大众化，重要原因之一是马铃薯不断遭受各种病虫的袭击，导致产量剧烈波动。

马铃薯在欧洲传播的几百年过程中，在许多国家人民不同语言中得到各种特殊的名称。例如，西班牙人叫它"巴巴"，爱尔兰人叫它"麻薯"，法国人叫它

"地下苹果",意大利人叫它"地豆",德国人叫它"地梨",比利时人叫它"巴达诺",芬兰人叫它"达尔多",斯拉夫人叫它"吠地菌"或"卡福尔",而在许多讲英语的国家,人们都叫它"马铃薯"。1753 年植物学家林奈最后正式给它定名为 *Solanum tuberosum* L.,其语意就是广泛种植。

(二)环球旅行记事

世界各国人民的友好交往,是使马铃薯迅速传播的重要途径。大约在马铃薯引进欧洲后不太长的时间里就传入了俄国以及北美洲和亚洲很多国家。科学研究表明,世界各地种植的马铃薯几乎都是最初引进欧洲的马铃薯经选择培育所产生的后代。

大约在 18 世纪初期,马铃薯被引进俄国。传说是周游欧洲的彼得大帝,爱上了鹿特丹公园里名为荷兰薯的美丽花枝。他以重金购买了一袋马铃薯,命随身侍从押送回国,种植在宫廷花园里供作观赏。后来,马铃薯又通过商业渠道经波兰引种至白俄罗斯、乌克兰以及立陶宛的地主庄园里。但在差不多半个世纪里,马铃薯仅作为罕见植物供作观赏花卉或珍贵菜肴为上层社会所享受。据俄国枢密院档案记载,1736 年彼得堡的药店里曾以高价出售马铃薯,医生用它新鲜块茎的液汁作为滋补剂;1741 年,宫廷宴会上首次出现一道用马铃薯烹调的菜肴;1758 年,彼得堡郊区的菜园里种植马铃薯;1765 年,据报道,宫廷里种植的马铃薯一次就收获块茎 180 千克。

欧洲进行的"七年战争",可能是马铃薯大量传入俄罗斯的重要媒介。从欧洲作战归来的俄国士兵,都把从未见过的马铃薯作为珍贵战利品种植在故乡的菜园里,仅仅在两年多的时间里,在拉脱维亚、爱沙尼亚、俄罗斯、乌克兰、伊尔库茨克、阿尔罕格斯克、沃龙涅什艾等 10 个省的广大地区都种植了马铃薯。1765 年,因俄罗斯遭受饥荒,粮食匮乏,枢密院根据叶卡捷琳娜二世的命令发布公告,在全国扩大马铃薯种植面积,并责令全国医学委员会男爵契卡索夫监督执行,有计划地从普鲁士、爱尔兰等国采购马铃薯,发放给各地农民种植。1765 年 3 月,枢密院公布了医学委员会拟定的《马铃薯种植条例》,共分 16 个部分,详细列出栽培马铃薯的农业技术操作规程。当年 12 月,枢密院又颁发了《马铃薯贮存和运输条例》以及补充的农业技术措施。这两份文件对马铃薯在俄国大面积推广和获得高产起到了很大作用。马铃薯受到农民的欢迎，它迅速在大田里代替了芜菁而扩大种植面积。

但是，关于马铃薯的一些荒唐轶事也迅速在民间传播。旧教徒仇恨这种农作物，编造说它是恶魔的化身，是妖婆嘴里吐出的秽物，曾使扩大推广马铃薯遭受重重阻力。18 世纪末期，宫廷新设立的农业委员会为了扩大繁殖马铃薯种薯，在皇家领地建立马铃薯育种地段，制订种薯繁殖计划。但没有向农民仔细解释就强令付诸实施，引起农民的怀疑，传言被征作繁种用的公有地段的农民，可能又要恢复农奴制度了。有人以讹传讹，有人煽风点火，最后竟发展成为席卷 4 个省的农民大规模武装暴乱。沙皇出兵镇压，战争持续达二年之久。在历史上，将这一事件称为"马铃薯暴动"。

19 世纪初期，俄国人为了扩大马铃薯种植面积，改变了从欧洲进口种薯的办法，利用本国的冷凉气候条件，就地采集种子繁殖。例如，彼得堡农业学校一次就发放了 1.6 亿粒种子，从中选育出适宜不同地区种植的马铃薯品种。到 19 世纪中期，俄国自己培育的品种已占马铃薯种植面积的一半以上。蔬菜育种家格拉切夫在彼得堡省选育的优良马铃薯品种，曾多次参加欧洲马铃薯展览会并获得奖励。

苏联十月革命后，马铃薯的科研和生产进入一个新阶段。1919 年，全苏列宁农业科学院建立实用作物研究所，著名植物育种家布卡索夫筹建马铃薯品种圃，从事品种改良工作，1920 年建立了波鲁金、科列涅夫、布特里奇和料斯特罗姆马铃薯试验站，1924 年在莫斯科郊区建立全苏最大的马铃薯联合繁育良种场，之后更名为全苏马铃薯科学研究所，有计划地开展资源采集和育种工作。1925 年以后，在布卡索夫教授率领下，苏联考察队先后 4 次到南美洲采集马铃薯野生和栽培种质资源，在本国建立马铃薯种质库以及比较完善的马铃薯繁育体系，到 1929 年苏联已培育出第一批抗病高产的马铃薯品种，1940 年基本上实现了良种化。马铃薯种植面积达 5250 万亩[①]（350 万公顷），总产量 7600 万吨。

很有意思的是，起源于美洲大陆的马铃薯，直至 17 世纪居住在北美洲的人对它还是一无所知。1621 年第一批马铃薯从英格兰引进北美洲在弗吉尼亚种植。

---

① 1 亩 ≈666.67 米^2，下同。

1719 年，爱尔兰长老会的一批清教徒又把马铃薯带到美国。至今在美国南部的新罕布什尔和伦敦德里各州一直管它叫爱尔兰薯。

19 世纪中期，美国又从巴拿马引进南美洲的马铃薯品种。1851 年，美国驻巴拿马领事从市场上采购了许多马铃薯，古德里奇牧师把它带回美国，经过种植后其中一个优良品种被命名为智利粗紫皮。古德里奇在这个品种中获得了一些自交实生苗，从中选育出一个优良品种红石榴，用它与欧洲引进的马铃薯品种杂交，选出许多优良品种，如早玫瑰、绿山、丰收、凯旋等。其中早玫瑰后来成为美洲和欧洲育种家选育早熟马铃薯品种的重要亲本材料。著名植物育种家路得·布尔班克在《如何培育植物为人类服务》一书中，详细记述他从早玫瑰品种培育出布尔班克薯的有趣经过：1872 年，布尔班克在一个偶然的机会看到早玫瑰花枝上结出一个硕果，他收获了 23 粒种子；第二年播下后长出了形姿各异的块茎。布尔班克明白早玫瑰是一个杂交种，后代变异丰富多样。他从中选出两个薯块大、芽眼多而深陷、纯白色的块茎进行繁殖，其产量比普通马铃薯高出 2～3 倍。布尔班克薯就这样诞生了。1876 年，美国农业部正式推广布尔班克薯，特别是在太平洋沿岸一些州的沙质土壤产量很高。布尔班克薯迅速在北美洲以及欧洲许多国家推广种植。据布尔班克估算，1875—1921 年，这个马铃薯品种在世界上很多国家生产块茎至少 6 亿蒲式耳①，足够装满 2.25 万千米长的一列火车，大约可以绕行地球一周半。

马铃薯从海路向亚洲传播有三条路线：一路是 16 世纪末和 17 世纪初荷兰人把马铃薯传入新加坡、日本和中国的台湾；第二路是 17 世纪中期西班牙人把它携带至印度和爪哇等地；第三路是 18 世纪英国传教士把马铃薯引种至新西兰和澳大利亚。据记述，1601 年一支荷兰船队从非洲几内亚经新加坡到达日本，他们把携带作为食物的马铃薯留给当地种植。英国人柯斯克说，他 1615 年 6 月 19 日在日本看到当地菜园里种植有马铃薯，据说是从琉球引进的。因为烹调不佳以及不适合人们口味而未能扩大种植。后来间隔地遇到几次灾荒年景，马铃薯产量高而且适应性强，愈来愈受到人们的欢迎。17 世纪中期，日本人高野长英记述马铃薯有三大优点："第一，在沙土石田不适合谷物生长发育的地块生长良好；

_____
① 1 蒲式耳 =27.216 千克。

10

第二，不受当地强风暴雨久霜危害；第三，容易繁殖，节省人力，收益很高，耕寸地而有尺地之获，故有八升薯之名，诚为荒年之善粮。"

1789 年，日本人又从俄国引进马铃薯在北海道种植，除食用外还作为加工淀粉原料。到了明治年间已有较大面积种植。日本政府还从国外引进马铃薯优良品种，在札幌官园和北海道农业试验场进行品比试验。20 世纪初期，日本又在岩手县、北海道、青森县设立马铃薯育种试验场，后来又分别在广岛和长崎设立马铃薯繁殖基地。到 20 世纪 80 年代，日本的马铃薯年产量在 300 万吨以上，其中 40% 用作淀粉原料，20% 用于食品加工，40% 为农家自用和种用。

到 17 世纪初（明朝万历年间）由欧美传教士通过荷兰走海路传入我国京津和通过荷兰途经东南亚传入我国台湾及东南沿海的闽粤等地两条路线传入中国种植，距今约有 400 多年的历史（曹先维 等，2012）。

著名植物遗传学家沙拉曼在论述马铃薯起源和传播历史之后说："哥伦布发现了新大陆，给我们带来的马铃薯是人类真正的最有价值的财富之一。在西欧和美国农业中推广马铃薯的重要作用不一定是必需的。但不难看到，目前全世界马铃薯每年产量的价值，远远超过西班牙殖民者在 30 年内从印加王国掠夺和榨取的金银财帛的总值。"沙拉曼教授满怀激情地宣布，马铃薯的驯化和广泛栽培是"人类征服自然最卓越的事件之一"（赵国磐 等，1988c）。

第二节　世界马铃薯产业概况

一、世界马铃薯生产概况

马铃薯是仅次于玉米、小麦、水稻之后的世界第四大粮食作物，在粮食安全方面发挥着重要的作用。全球大约有 160 个国家或地区种植马铃薯，种植面积为 1.87 千万～1.92 千万公顷，总产量为 3.2 亿～3.4 亿吨（刘洋 等，2014）。

马铃薯具有较为广泛的适宜性，从低海拔至海拔 4000 多米，从赤道到南北纬 40° 的地区均有马铃薯种植，其中集中化程度最高的地区在中国、印度、欧洲。亚洲的马铃薯种植集中在印度的东北部及中国的中部和东北部地区。欧洲的种植重点在东欧，如波兰、乌克兰、白俄罗斯、俄罗斯等。其他重要的马铃薯产区还有美国的西北部、欧洲的西北部和南美的安第斯山区（刘洋 等，2014）。

从世界范围来看，马铃薯种植有三大主产区。

①高山地区：包括南美洲的安第斯山脉、中国的喜马拉雅山脉以及其他分布在非洲、亚洲、拉丁美洲及大洋洲的一些山区，全球大约25%的马铃薯种植在1000米以上的高山地区，所生产的冬作马铃薯在市场上具有季节性价格优势。马铃薯的发源地——南美洲的安第斯山脉也在该地区。

②低地热带区：位于巴基斯坦、印度和孟加拉的中央平原属于这一类，其他热带马铃薯产区还有中国南方、古巴、埃及、秘鲁沿海和越南。马铃薯不是来自于热带的作物，炎热的气候不利于马铃薯生产，但从20世纪下半叶开展了针对热带地区的新品种培育和新技术开发、灌溉等基础设施的增强，这使得南亚中央平原成为马铃薯种植面积增长最快的区域，也成为世界三大马铃薯产区之一。

③温带区：西欧、北美、伊朗、土耳其、中国、朝鲜、韩国等一些耕作区属于温带区。在温带地区，多采用春种秋收的方式生产马铃薯。寒冷的冬季气候适于马铃薯的贮存，使得马铃薯可以度过冬、春两季，甚至部分可以维持到来年新马铃薯的收获。部分气候条件适宜的地区可与水稻、小麦等谷物作物轮作，一年两收，在水稻或玉米一收割完毕后立刻种植马铃薯。

总体上，世界马铃薯生产集中在"三区两带"，即高山地区、低地热带区、温带区三大主产区，23°～34°N、44°～58°N两个纬度带，占世界种植面积70%以上。

从产量上来看，中国、印度、俄罗斯、乌克兰、美国、德国、波兰、孟加拉、白俄罗斯、法国是世界马铃薯产量排名前10的国家，其中前5个国家马铃薯产量均在1800万吨以上，其他5国产量也在700万吨以上（刘洋 等，2014）。

二、世界马铃薯消费概况——以美国和英国为例

马铃薯在全球粮食安全中发挥着重要作用，年人均消费量平均约为35千克，但从区域发展上看，呈现出明显的不平衡性，消费结构存在较大差异。

（一）美国

美国是世界重要的马铃薯生产国，加工产业也较为发达，在国际马铃薯市场占有重要地位。从种植历史看，美国马铃薯种植可以追溯到 300 多年前的 1719 年，新罕布什尔州最先开始马铃薯的种植和生产。从生产布局看，美国几乎每个州都种植马铃薯，其中大约一半来自爱达荷州、华盛顿、威斯康星州、北达科他州、科罗拉多州、俄勒冈州、缅因州、明尼苏达州、加利福尼亚州和密歇根州，多数马铃薯是在 9—10 月（秋季）收获。从消费历史看，薯条的加工消费可以追溯到 17 世纪末期和 18 世纪初期。历史文献显示，在托马斯·杰斐逊（Thomas Jefferson）担任美国总统期间，第一批炸薯条在白宫供应。如今，薯条、薯片等在美国马铃薯消费中占有非常重要的地位，每年约有 60% 的马铃薯被加工成冷冻产品（如冷冻炸薯条）、薯片、脱水马铃薯等加工产品，约有 1/3 的马铃薯鲜食，仅有 6% 的马铃薯用作种子（李辉尚 等，2019）。

（二）英国

英国是欧洲重要的马铃薯生产国，同时也是世界重要的马铃薯消费国之一。研究显示，在英国，大部分消费者表示马铃薯的饱腹感较强，容易操作和处理，并且不会造成肥胖，能够保持体型。因此，马铃薯已经成为英国人摄入碳水化合物的主要来源食物，占英国居民碳水化合物消费的 45%，远高于面包、意大利面等传统主食的消费。分品类来看，英国马铃薯市场中，鲜薯的消费量最大，占 34%，其次是薯片与冷冻薯，分别占 32% 与 25%（李辉尚 等，2019）。

第三节　中国马铃薯产业概况

一、生产概况

中国幅员辽阔，全国各地均有种植马铃薯，根据马铃薯栽培耕作制度、品种类型及分布等资料，结合其生物学特性、地理状况及气候条件和气象指标，我国马铃薯栽培可划分为 4 个区域（滕宗璠 等，1989；孙慧生，2003；屈冬玉 等，2010）。

①北方一季作区：包括东北、华北的河北和山西北部、内蒙古及西北的陕北、宁夏、青海、新疆天山以北等地。无霜期为 100～170 天，平均气温＜10℃，最热月均气温＜24℃，≥5℃年积温为 2000～3000℃·天，年降雨量为 50～1000 毫米。由于本区气候凉爽、日照充足、昼夜温差大，适于马铃薯生长。本区一年一熟（造），春播秋收，4 月初至 5 月初播种，8 月底至 10 月上旬收获。本区一直是我国马铃薯种薯主产区和加工型与菜用型马铃薯主要生产基地，适宜的品种为中熟和晚熟品种，休眠期长，耐贮藏，抗逆丰产。

②中原春秋二季作区：包括辽宁、河北、山西、陕西 4 省南部，两湖东部以及河南、山东、江苏、浙江、安徽、江西 6 省。无霜期为 180～300 天，平均气温为 10～18℃，最热月均气温为 22～28℃，最冷月均气温为 1～4℃，≥5℃年积温为 3500～6500℃·天，年降雨量为 500～1750 毫米。本区因夏季长、温度高，不利于马铃薯生长，故采用春、秋二季栽培。春季生产商品薯，秋季生产种薯。本区也是我国重要的商品薯生产基地。

③南方冬春二季作区：包括广东、广西、海南、福建、台湾等省（区）。无霜期为 300～365 天，平均气温为 18～24℃，最热月均气温为 28～32℃，最冷月均气温为 12～16℃，≥5℃年积温为 6500～9500℃·天，年降雨量为 1000～3000 毫米。主要在稻作后，利用冬闲地栽培。因其栽培季节多在冬、春二季，与中原春秋二季作区不同，故称南方冬春二季作区。品种类型为早熟或中熟，且最好选用抗晚疫病和青枯病的品种。本区栽培面积虽小，但收获时属全国淡季，对市场供应及出口意义重大，且利用冬闲田，茎叶可作绿肥，故具有很好的经济效益。本区是我国冬季效益农业重要基地之一，主要是菜用型的马铃薯品种，具有较大的发展空间和有待挖掘的潜力。

④西南一二季混作区：包括云南、贵州、四川、西藏、新疆天山以南及两湖西部山区。本区多为山地和高原，海拔变化大，形成垂直气候分布，故有立体农业之称，因此，马铃薯在本区有一季作和二季作两种栽培类型交错出现。在高寒山区与北方一季作相同，低山河谷或盆地气温高、无霜期长、春早、夏长、冬暖、雨量多、湿度大，适于二季栽培，与中原或南方二季作相同。本区目前是我

国马铃薯种薯主产区和加工型与菜用型马铃薯主要生产基地。

中国是全球最大的马铃薯生产国，1993年中国的马铃薯产量（4594.16万吨）首次超过俄罗斯（3765.04万吨），居世界首位；1995年中国的马铃薯种植面积（343.56万公顷）首次超过俄罗斯（339.08万公顷），居世界首位，至此中国成为全球第一大马铃薯生产国。2018年，中国的马铃薯种植面积达到481.09万公顷，产量达到9025.92万吨（张玉胜 等，2020）。

我国马铃薯种植集中分布在四大热点区域，分别是以甘肃南部为核心的西北地区，以云贵川渝为核心的西南地区，以内蒙古中部为核心的华北地区和以黑龙江为核心的东北地区（张烁 等，2020）。

二、消费概况

我国马铃薯消费主要包括食用、加工、种薯和饲料消费四大类，分别约占总消费量的63%、7%、4%和19%（贺加永，2020；罗其友 等，2022）。种薯消费方面，我国马铃薯种薯的总体消费水平不高，优质脱毒种薯应用面积低。据统计，我国脱毒种薯的种植面积仅占总种植面积的30%左右，而发达国家可达70%以上。国内马铃薯加工产品主要有淀粉、全粉、变性淀粉、薯片及粉丝、粉条等，马铃薯消费仍以鲜食为主，加工比例较低；发达国家由于消费形式多样，且多以加工制品为主，马铃薯年人均消费量和加工占比都比较高。据报道，全世界年人均消费马铃薯32千克，发达国家年人均消费74千克，一些欧洲马铃薯消费大国年人均消费量高达80~100千克，欧美等发达国家的马铃薯加工比例高达80%，中国马铃薯年人均消费量仅42千克，加工量只占总量的12%左右。相信随着加工用种薯和商品薯产量的增加、加工产品的多样化、加工工艺的改善以及公众对马铃薯加工产品认知的提升，中国马铃薯加工占比将不断提升（贺加永，2020）。

马铃薯的营养价值

马铃薯既可粮菜兼用，还能加工制成各种产品。马铃薯块茎含水量约 80%，干物质约 20%，干物质主要成分为淀粉，还有少量的蛋白质、膳食纤维、维生素和矿物质等。美国农业部研究中心的研究报告指出，"作为食品，全脂奶粉和马铃薯两样便可以提供人体所需的一切营养素"，并且认为马铃薯将是世界粮食市场上的一种主要食品，因其富含多种营养成分，素有"地下苹果"和"第二面包"的称号。值得注意的是，发芽的马铃薯不能吃，主要是由于马铃薯发芽时其出芽的部位产生许多酶，酶能使贮藏的物质分解转变为供芽生长的物质。在物质转化过程中，会产生龙葵碱毒素，这是一种有毒的糖苷生物碱（曹先维 等，2012）。

一、马铃薯淀粉

马铃薯的淀粉含量占干物质的 75%～80%，主要是支链淀粉，有优良的糊化特点，并易于被人体吸收，新鲜烹饪的马铃薯其淀粉几乎被完全消化，所以被称为"可利用的碳水化合物"，是一种易吸收的碳水化合物能量来源（宋国安，2004；曾凡逵 等，2015）。相较于其他主粮作物的淀粉其含水量更高，因此，马铃薯淀粉的热量更低，对于目前被"富贵病"困扰的患者来说，食用马铃薯比其他主粮更为健康。除此之外，马铃薯淀粉中几乎不含脂肪，因此其减肥功效也较其他主食更好。

二、马铃薯蛋白质

马铃薯块茎蛋白质含量为 1.7%～2.1%，与动物蛋白接近，可与鸡蛋媲美。马铃薯块茎中蛋白质种类很多，主要包括糖蛋白、蛋白酶抑制剂和其他高分子蛋白三大类（曾凡逵 等，2015）。其氨基酸种类也相当丰富，富含人体必需的 8 种氨基酸，尤以赖氨酸含量最为突出，具有很高的营养价值。

三、马铃薯膳食纤维

膳食纤维主要是由马铃薯细胞壁提供的，尤其是果皮增厚的细胞壁，膳食纤维含量为 0.6%～0.8%，比大米、小米和小麦粉中的含量高 2～12 倍，脂肪含量约 0.2%，属于低脂肪食品（文丽，2016）。因为膳食纤维含量丰富，所以食用马铃薯有利于清理肠道，促进排便，从而及时将有害物质排出体外，还对痔疮、大肠癌等具有良好的预防作用。

四、马铃薯维生素

马铃薯维生素 C 含量丰富，约为 27 毫克 /100 克，是番茄、黄瓜、香蕉、鸭梨等的 2～3 倍，更高于葡萄和苹果。维生素 C 是人体正常代谢必不可少的，如果缺乏维生素 C，将严重影响人体及生命健康（如坏血病）。同时马铃薯中维生素 B_1、B_2、B_6 等含量也很丰富，水稻、小麦淀粉中这类维生素含量很低。缺乏 B 族维生素会使人患脚气病等。

五、马铃薯矿物质元素

马铃薯含有丰富的矿物质，带皮煮熟后，其大多数的矿物质含量依旧很高，可提供每日推荐膳食中钾摄入量的 12%，镁、铁、磷摄入量的 6%，钙和锌摄入量的 2%。马铃薯中的抗坏血酸可以进一步提高铁的生物利用率。

六、其他营养素

马铃薯块茎中还含有多种植物化学物质，包括多酚、黄酮、花青素和类胡萝卜素等。其中，新鲜马铃薯块茎中黄酮醇的含量可达 14.00 毫克 /100 克，彩色马铃薯中还富含花青素，紫色马铃薯中花青素含量可达 4.28 毫克 /100 克。马铃薯中主要营养成分见表 2-1。

表 2-1　每 100 克马铃薯营养成分表

营养成分	含量	营养成分	含量
糖类	17.20 克	热量	76.00 千卡
纤维素	0.70 克	钾	342.00 毫克
脂肪	0.20 克	磷	40.00 毫克
蛋白质	2.00 克	镁	23.00 毫克
维生素 C	27.00 毫克	钠	2.70 毫克
维生素 E	0.34 毫克	铜	0.12 毫克
维生素 A	5.00 毫克	锌	0.37 毫克
烟酸	1.10 毫克	钙	8.00 毫克
硫胺素	0.08 毫克	锰	0.14 毫克
胡萝卜素	0.80 毫克	铁	0.80 毫克
胆固醇	0.00 毫克	硒	0.78 毫克

（黄强 等，2018）

马铃薯的保健价值

马铃薯除了具有较高的营养价值外，还有增强人体免疫力、延缓衰老、增强体质、抗癌、美容和防止高血压等多种保健功能。

一、抗氧化衰老

马铃薯富含丰富的 B 族维生素、优质蛋白质、氨基酸、脂肪和优质淀粉等，这些营养物质在人体抗老防病过程中起着重要的作用。其中维生素 C 是一种水溶性维生素，有助于老年牙齿健康，还可以增强免疫力。科学研究表明，人体中过量自由基的产生与衰老、癌症或其他疾病密切相关，彩色马铃薯中富含天然抗氧化物质花青素，花青素能够有效清除人体内的自由基，多酚类物质还可有效抑制癌细胞增殖，提高抗癌活性，预防癌症（孙传范，2010；王全逸，2010）。

二、养颜美容

马铃薯富含维生素 C，能够美白肌肤。用马铃薯汁液配合牛奶、蛋清制作面膜，长期使用可以改善皮肤，使肌肤细滑白嫩。同时马铃薯汁液还有清除色斑死皮的功效，夏天日晒爆皮或是晒黑，都可以通过涂抹马铃薯汁液缓解改善症状，相比化妆品，它绿色、环保、无毒副作用。用马铃薯切片，贴在眼袋的浮肿处，可以减轻浮肿。另外，马铃薯切片还具有美容护肤、减少皱纹的作用。由于皮肤油脂分泌旺盛引发青春痘、痤疮的青少年，可以用马铃薯汁液涂于患处以缓解症状。

三、改善肠胃功能

马铃薯中含有大量的膳食纤维，可以促进肠胃的蠕动，减少食物在胃肠道中停留的时间，降低食物腐败而产生的毒素，还可以带走长时间滞留的有毒或致癌物质，避免被胃肠道吸收，预防胃肠道疾病的发生，膳食纤维还可以在大肠内吸收水分软化粪便，预防便秘。

四、减肥瘦身功能

马铃薯是碱性蔬菜，经过人体消化吸收后，能够缓冲体内的酸碱平衡，改善体内微环境。马铃薯中所含的脂肪很少，仅有 0.1%，不必担心脂肪过剩，马铃薯含抗性淀粉，因肠胃对抗性淀粉的吸收缓慢，食用后停留在肠道中的时间长，有利于减肥，食用后既有饱腹感、保证营养充足，又能大大降低脂肪的摄入量。膳食纤维还可以带走多余的脂肪，达到减肥瘦身的目的。

除了上述功能作用外，马铃薯还具有降血压、抗病毒、减轻肝损伤、改善视力等功效。此外，紫色马铃薯富含花色素苷和多酚类物质，是人类营养中重要的天然抗氧化剂来源（杨智勇 等，2013），紫色马铃薯中的黏蛋白是一种糖蛋白，具有维持动脉血管弹性、避免心脑血管中脂肪沉积、预防动脉粥样硬化的作用。

第三节　马铃薯的经济价值

马铃薯除营养和保健价值外，还有较高的经济价值。马铃薯生长周期短、产量高、适应性强，种植经济效益高于小麦、水稻等，同时还可作为粮菜和生产原料。在我国东北的南部、华北和华东地区，马铃薯作为早春蔬菜成为乡村振兴的重要农作物；在华东的南部和华南大部，马铃薯作为冬种（作）作物与水稻（早稻、中稻或晚稻）轮作，鲜薯出口可以获得很大的经济效益；在西北地区和西南山区等经济欠发达地区，马铃薯作为主要的粮食经济作物在过去精准扶贫和现在乡村振兴战略实施中发挥着重要的作用。

我国马铃薯消费类型主要是食用，用于加工和饲料的比例分别为10%和13%，远低于欧美等国家平均水平（秦军红 等，2016）。随着马铃薯主粮化战略的开展和深入推进，近年来，马铃薯食品加工、淀粉加工业迅速发展，通过深加工进行产业增值。在食品加工业中，以马铃薯为原料可加工成各种速冻方便食品和休闲食品，如脱水制品、油炸薯片、速冻薯条、膨化食品等，深加工成黏合剂、增强剂及医药上的多种添加剂等。此外，马铃薯加工产生的废弃物还可作为新型饲料进行再开发利用。

马铃薯淀粉在世界市场上比玉米淀粉更有竞争力，马铃薯高产国家将总产量的大约40%用于淀粉加工，全世界淀粉产量的25%来自马铃薯。马铃薯淀粉与其他作物的淀粉相比糊化度高、糊化温度低、透明度好、黏结力强、拉伸性大。马铃薯变性淀粉在许多领域都有应用，如衍生物的加工、生产果葡糖浆、制取柠檬酸、生产可生物降解的塑料等。

随着马铃薯主粮和（或）主食化战略的深入实施以及马铃薯产业的发展壮大，中国作为马铃薯生产大国，在提高马铃薯单产的同时强化深加工产业，促进马铃薯整个产业链经济效益提升具有广阔前景。

第一节 马铃薯的生物学特征

一、形态特征

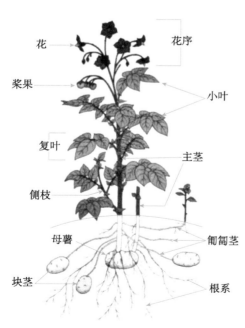

花
花序
浆果
小叶
复叶
主茎
侧枝
母薯
匍匐茎
块茎
根系

图 3-1 马铃薯植株示意图（曹先维 等，2012）

马铃薯植株由地上和地下两部分组成（图 3-1），作为产品器官的马铃薯块茎是马铃薯地下匍匐茎膨大形成的结果。一般生产上均采用块茎进行无性繁殖。

地上部分包括地上茎、叶、花、果实和种子，茎叶旺盛生长是马铃薯高产所必需的。

地下部分包括根、地下茎、匍匐茎和块茎（曹先维 等，2012）。

（一）地上部分

1.地上茎

幼苗出土后地上部的茎为地上茎。茎幼小时横断面为圆形，以后呈三棱形或四棱形。茎为绿色，有的茎被花青素掩蔽，呈淡紫色，是区别品种的重要特征依据。不同品种茎的高度与分枝差异很大。早熟品种（如费乌瑞它系列品种，Favorita）植株较低，茎高 50 厘米左右，茎细弱，节间短，节数少，分棱少，多在茎的中上部分枝；中晚熟品种茎高 100 厘米左右，茎比较粗壮，节间长，节数多，分枝较多，分枝多在茎的基部。地上茎具有支撑枝叶、运输养分和水分及光合作用的功能。

2. 叶

叶片是光合作用制造养分的绿色工厂。由种子和块茎繁殖初生出来的头几片叶为单叶，称为初生叶。初生叶毛较密，叶背面为浅紫色，随着植株的生长逐渐形成奇数羽状复叶对生。复叶由大小相间的叶片组成，一般由 7～11 片小叶组成。顶端 1 片小叶为顶叶，在复叶的中肋（叶轴）上排列的 3～5 对叶为侧小叶。在侧小叶之间还着生有极小的叶片，称为叶耳。顶叶较侧小叶大，呈圆形或椭圆形，基部有短的小叶柄，着生在中肋上。叶色有绿色、浅绿色、深绿色等。复叶呈螺旋形着生在茎上，正常健康的植株复叶较大，小叶片平展而富有光泽，叶肉组织表现绿色深浅一致。

3. 花

马铃薯的花为聚伞花序，花芽由顶芽分化而成。花冠合瓣，五角形，花色有白色、浅紫色、紫色、紫红色等。

4. 果实和种子

马铃薯的果实为浆果，呈圆形或椭圆形，绿色。浆果直径 1.5 厘米左右，从受精到成熟需 30～40 天。成熟后的浆果呈淡绿色或浅黄色，有的品种浆果脐部（顶部）带有褐色或紫色的斑纹或白点。浆果成熟后有芳香味，一般浆果内有种子 100～200 粒。马铃薯种子很小，千粒重为 0.5 克左右，种子扁平近圆形或卵圆形，浅褐色，密布茸毛。新收获的种子有 5～6 个月的休眠期，休眠期过后才能正常发芽。未通过休眠期的种子需要 1500 毫克／千克的赤霉素（九二〇）溶液浸种 12 小时才能正常发芽（曹先维 等，2012）。

（二）地下部分

1.根

由种子长成的马铃薯植株形成细长的主根和分枝的侧根；而由块茎繁殖的马铃薯植株则无主根，只形成须根系，主要分布在 30 厘米以内的土层中。

2.地下茎

块茎发芽后埋在土壤内的茎，一般为 10 厘米，其长度随播种深度和培土厚度而变化。

3.匍匐茎

由地下茎节上的腋芽发育而成，实际上是茎在土壤中的分枝，是形成块茎的器官（类似胎儿的脐带）。一般长度为 3～10 厘米。通常在幼苗出土后 7～18 天大部分匍匐茎开始形成。一般为 6～7 层，而结薯层为 3～4 层。

4.块茎

由匍匐茎顶端膨大形成。块茎既是贮藏养分的经济产品器官，又是马铃薯的主要繁殖器官。块茎大量形成是在幼苗出土后 20 天左右开始，60 天内形成块茎的数量最多，块茎增大最快的时期是在块茎形成后 40～60 天（曹先维 等，2012）。

二、马铃薯物候期

（一）按地上部形态明显变化的时期划分

可分为出苗期、孕蕾期、现蕾期、开花期、茎叶衰落期、成熟期。各时期的形态指标为：

出苗：幼苗露出地面；

孕蕾：主茎顶端出现花蕾（肉眼可见）；

现蕾：花蕾已超出顶叶；

开花：第一花序已有 1～2 朵花开放；

茎叶衰落：花已基本脱落，茎基部已有 1/3 叶片开始枯黄；

成熟：全株有 2/3 以上叶片已枯黄。

各时期出现上述明显性状的植株占全田植株总数 10% 的日期为始期，占全田植株总数 75% 的日期为正期，占全田植株总数 85% 的日期为盛期。例如，全田有 10% 的植株开花日期是 6 月 20 日，75% 的植株已开花日期是 6 月 23 日，85% 的植株已开花日期是 6 月 26 日，则开花始期是 6 月 20 日，开花期是 6 月 23 日，开花盛期是 6 月 26 日。以此类推（门福义 等，1995）。

（二）按块茎形成并结合地上部形态的变化划分

芽条生长期：从播种到出苗的时间；

幼苗期：从出苗到地下匍匐茎顶端开始膨大成球状，直径达 1 厘米大小的时间；

块茎形成期：地下匍匐茎顶端膨大成球状，直径达 1~3 厘米，地上部一般正处于现蕾期的时间；

块茎增长（膨大）期：地下部最大块茎直径已达 3 厘米以上，地上部一般正处于开花期的时间；

淀粉积累期：地上茎叶已开始衰落，基部已有近 1/3 的叶片开始枯黄，块茎体积基本固定，植株进入以淀粉积累为主的时间；

成熟期：植株茎叶已有 2/3 以上枯黄的时间；

休眠期：块茎收获到块茎上的芽眼开始萌动（芽长达 2 毫米大小）所经历的时间（门福义 等，1995）。

三、马铃薯对环境条件的要求

（一）对土壤的要求

含土壤有机质较高、土层深厚、组织疏松和排灌条件好的壤土或沙壤土最适合马铃薯生长，这两种土壤疏松透气、富有营养、水分充足，并给块茎生长提供了优越舒适的生长条件，这种土壤还为中耕、培土、灌水、施肥等农艺措施的实施提供了方便（门福义 等，1995；曹先维 等，2012）。

（二）对温度的要求

马铃薯是低温耐寒的农作物，对温度要求比较严格，不适宜太高的气温和地温。但不同的生育时期都有相应的适宜温度范围。

①在芽条生长期芽苗生长所需的水分、营养都由种薯提供。关键是温度，当10厘米土层的温度稳定在5～7℃时，种薯的幼芽在土壤中可以缓慢地萌发和伸长；当温度上升到10～12℃时，幼芽生长健壮并且长得很快；达到12～18℃时，是马铃薯幼芽生长最理想的温度。温度过高，则不发芽，造成种薯腐烂；温度低于4℃，种薯不能发芽。

②幼苗期和块茎形成期是茎叶生长和进行光合作用制造营养的阶段。适宜的温度是16～20℃，如果气温过高，光照再不足，叶片就会长得又大又薄，茎间伸长变细，出现倒伏，影响产量。

③块茎增长（膨大）期和淀粉积累期对温度要求比较严格，以16～18℃的土温、18～21℃的气温最为有利。气温超过21℃时，马铃薯生长就会受到抑制，生长速度就会明显下降。土温超过25℃块茎便基本停止生长。块茎增长（膨大）期和淀粉积累期对昼夜温差的要求是越大越好，只有在夜温低的情况下，叶片制造的有机物才能由茎秆中的输导组织运送到块茎里。如果昼夜温差不大，有机营养向下输送的活动就会很慢，甚至完全停止，块茎体积和重量也就无法迅速地增加（门福义 等，1995；曹先维 等，2012）。

（三）对水分的要求

马铃薯是一种需水量较大的作物，在马铃薯生长过程中必须供给足够的水分才能获得高产。据研究，每生产1千克马铃薯干物质需水600～700千克，每亩生产2000千克薯块（地上地下总重量约4000千克，折合干物质约800千克）需水480～560吨。各生育时期所需的水分状况不同。

①发芽期：所需的水分主要靠种薯自身的水分来供应，待芽条产生根系并能从土壤吸收水分后才能正常出苗。因此，这个时期要求土壤保持湿润状态，土壤含水量至少应占田间持水量的70%～75%。土壤的通气状态较好有利于根系的生长。

②幼苗期和块茎形成期：这是马铃薯需水由少到多的时期，如果这一时期缺水，会影响植株发育及块茎产量。其中幼苗期要求土壤含水量保持在田间最大持水量的75%~80%，当低于75%时，茎叶生长不良。块茎形成期前期土壤水分应保持在田间最大持水量的80%~85%，后期降为80%，以适当控制茎叶生长。

③块茎增长（膨大）期和淀粉积累期：块茎膨大、地上部分茎叶生长达到高峰，是需水量最大的时期，特别是结薯前期，如果缺水会引起大幅度减产。据测定，这一时期的需水量占全生育期需水总量的一半以上。如果这个时期缺水干旱，块茎就会停止生长。以后即使再降雨或有水分供应，在植株和块茎恢复生长后，块茎容易出现二次生长，形成串薯等畸形薯，降低产品质量。土壤水分应保持在田间持水量的85%~90%。在结薯后期（成熟期），切忌水分过多，因为如果水分太大，土壤过于潮湿，块茎的气孔开裂外翻，就会造成薯皮粗糙，容易被病菌侵入，对贮藏不利。若是再严重一些，土壤水分过多过湿，块茎会由于缺少氧气而腐烂。土壤水分应逐步降低至65%~70%，促使薯皮老化而有利于收获（门福义 等，1995；曹先维 等，2012）。

（四）对光照的要求

马铃薯是喜光植物，其植株的生长、形态结构的形成和产量的多少与光照强度及日照时间的长短都有密切的关系。马铃薯在幼苗期至淀粉积累期，都需要有较强的光照。只要有足够的强光照，并在其他条件能得到满足的情况下，马铃薯就会茎秆粗壮、枝叶茂密、容易开花结果并且薯块结的大、产量高；而在弱光条件下，则只会得到相反的效果。例如，在树荫下种植的马铃薯，由于光照不足，就长得精干细瘦、节间很长、分枝少、叶片小而稀、结薯少、产量低（门福义 等，1995；曹先维 等，2012）。

（五）对养分的要求

肥料是植物的粮食，俗话说，"庄稼一枝花，全靠粪当家"，马铃薯是高产作物，需肥量比较大。

1. 马铃薯营养失调症状及防治方法

（1）缺氮

症状：如果氮肥不足，就会使马铃薯植株矮小、长势弱、叶片小、叶色淡绿发灰、分枝少、开花早、下部叶片提早枯萎和凋落、产量降低。

防治方法：根据测土结果，按照马铃薯营养需求进行平衡施肥，一般不会发生缺氮问题。一旦生长期间发生缺氮症状，要及时补施氮肥，以改善薯苗营养、促进生长。叶面可喷施 0.5%～1.0% 的尿素溶液 2～3 次，每次间隔 7～10 天，每亩用液量为 50～75 千克，喷施时间为清晨或傍晚较好。

（2）缺磷

症状：缺磷植株比适量施肥植株矮小，叶片呈暗绿。严重缺磷使叶片向上卷曲，略带紫色，通常缺乏越严重越卷曲。块茎内出现褐色锈斑，煮熟时锈斑处发脆，影响食用。

防治方法：施用磷肥要早，最好是下种前用作基肥；有条件的可进行测土施肥。一旦缺磷，可以在叶面喷施 0.3%～0.5% 的过磷酸钙溶液 2～3 次，每次间隔 7～10 天，每亩用液量为 50～75 千克，喷施时间为清晨或傍晚较好。

（3）缺钾

症状：马铃薯植株在生长过程中，缺少钾肥会造成植株弯曲、节间缩短、叶缘向下卷曲、叶片由绿色变为暗绿，最后变成古铜色，同时叶脉下陷、根系不发达、匍匐茎变短、块茎小、产量低、质量差、煮熟的块茎薯肉呈灰黑色。

防治方法：根据测土结果，按照马铃薯营养需求进行平衡施肥，一般不会发生缺钾的问题。一旦出现缺钾症状，可以喷施 0.3%～0.5% 的磷酸二氢钾溶液 2～3 次，每次间隔 7～10 天，每亩用液量为 50～75 千克，喷施时间为清晨或傍晚较好。

（4）缺钙

症状：表现在植株形态上是幼叶变小，小叶边缘呈淡绿，节间显著缩短，植株顶部呈丛生状。

防治方法：酸性土壤可以通过施用石灰提高 pH 的同时补充钙。当然，如果用过磷酸钙或钙镁磷肥作底肥也能补充钙，所以一般马铃薯田不会缺钙。发现缺钙症状时，要及时补施钙肥，可用 0.3%～0.5% 的硝酸钙溶液在叶面喷雾 2～3 次，每次间隔 7～10 天，每亩用液量为 50～75 千克，喷施时间为清晨或傍晚较好。

（5）缺镁

症状：新展开叶开始出现轻微的脉间失绿，并出现褐色斑点；脉间出现焦枯，但生长点处叶子仍保持绿色。

防治方法：酸性土壤可以通过施用白云石粉提高 pH 的同时补充镁。当然，如果用钙镁磷肥作底肥也能补充镁。田间栽培的马铃薯缺镁时，叶面喷0.5%～1.0% 的硫酸镁 2～3 次，每次间隔 7～10 天，每亩用液量为 50～75 千克。

（6）缺硼

症状：全株矮小丛生、节间缩短，叶片增厚、向上卷曲、边缘呈浅褐色。严重缺硼时，顶芽死亡且叶片组织变暗、皱缩。

防治方法：硼在马铃薯植株中一经被利用便固定下来，因此，对幼嫩组织必须不断供应，根据土壤有效硼的含量合理施用，施用有机肥可以补充硼。土施每亩 0.50～0.75 千克硼砂，或在马铃薯生长中后期叶面喷施 0.1%～0.2% 的硼砂溶液 2～3 次，每次间隔 7～10 天，每亩用液量为 50～75 千克。

（7）缺锰

症状：幼叶脉间失绿、稍上卷，并出现灰黑色斑点。叶脉清晰，斑点逐渐增多，进而变成坏死斑。

防治方法：硫酸锰是常用的锰肥，土施每亩 1～2 千克，生长中期在叶面喷施 0.05%～0.20% 的硫酸锰 2～3 次，每次间隔 7～10 天，每亩用液量为 50～75 千克。

（8）营养过剩

当马铃薯养分出现过剩时，会有以下列症状表现出来。

氮：如果氮肥过量，则会引起马铃薯植株疯长，营养分配打乱，大量营养被茎叶生长所消耗，匍匐茎"窜箭"，降低块茎形成数量，延迟结薯时间，造成块茎晚熟和个小、干物质含量降低、淀粉含量减少等。氮肥过多的地块所产生的块茎不容易贮藏，易染病腐烂。另外，氮肥过多还会导致枝叶太嫩，容易感染晚疫病。

磷：马铃薯一般不出现磷过剩症。大量施磷会使茎叶转紫色、早衰。磷素过多引起的症状，通常以缺锌、缺铁、缺镁等失绿症表现出来。

钾：马铃薯可吸收过量的钾，但一般不出现过剩症。但过量施钾会引起镁的缺乏、产量的降低等。

钙：马铃薯一般不会出现钙过剩症。

镁：马铃薯一般不会出现镁过剩症。

锰：锰过量中毒严重时，主要沿着马铃薯叶脉和叶柄及茎上出现坏死症状。

2.马铃薯营养需求特征

马铃薯所需肥料中的营养元素种类与其他作物大致一样，主要是氮素、磷素和钾素，但是，马铃薯所吸收的"三大元素"之间的比例与其他作物不一样，马铃薯吸收的元素以钾素最多，氮素次之，吸收量最少的是磷素。

每生产 1000 千克马铃薯块茎，需要从土壤中吸收氮素 4.14 千克、磷素（P_2O_5）2.34 千克和钾素（K_2O）8.74 千克，$N : P_2O_5 : K_2O = 1 : 0.57 : 2.11$（门福义 等，1995；曹先维 等，2012）。

第二节　多彩的马铃薯主栽品种

一、马铃薯品种分类

（一）根据熟性分类

可分为极早熟、早熟、中熟、中晚熟、晚熟 5 类。极早熟品种指从出苗到地上茎叶自然枯萎变黄的天数在 60 天以内，早熟为 61～75 天，中熟为 76～90 天，中晚熟为 91～115 天，晚熟为 116 天以上（张丽莉 等，2016）。

（二）根据用途分类

①鲜食型品种（如费乌瑞它系列品种、中薯 5 号和中薯 20 号等）。

②淀粉加工型品种（如克新 12 号和云薯 201 等）。

③薯片、薯条加工型品种（包括油炸薯片型，如云薯 301 和大西洋等；油炸薯条型，如云薯 401 和夏波蒂等）以及彩色品种（如紫云 1 号等）。

优良品种主要应具备大中薯率高（在 75% 以上）、薯形好、整齐一致、芽眼不深、表皮光滑、抗逆性和抗病性好的特点。鲜食型品种对淀粉含量要求不高，以低淀粉含量的为好。淀粉加工型品种除了产量要高以外，最关键的是淀粉含量必须在 15% 以上，但对大中薯率和块茎表面形状要求不严格。油炸食品加工型品种的特点是芽眼浅、容易去皮、干物质含量在 19.6% 以上（炸片型）且单薯重在 50～150 克、干物质含量在 19.9% 以上（炸条型）且长度大于 6 厘米和宽度大于 3 厘米、还原糖含量在 0.2% 以下（炸片型）或 0.3% 以下（炸条型）并且耐贮藏（张丽莉 等，2016）。

广东冬作区可选择生育期在 60～90 天的早熟和中早熟品种，比较适宜的品种有费乌瑞它系列品种和中薯 20 号等（曹先维 等，2012）。

二、多彩的马铃薯主栽品种

（一）费乌瑞它系列品种

费乌瑞它马铃薯由荷兰引进，为鲜食、早熟和出口的马铃薯优良品种，分布在黑龙江、内蒙古、辽宁、中原二季作区和南方冬作区等（图 3-2），属早熟马铃薯品种，生育期 65 天左右。植株生长势强，株型直立，分枝少，株高 65 厘米左右；茎带紫褐色网状花纹；叶为绿色，复叶大、下垂，叶缘有轻微波状；花冠蓝紫色、较大，有浆果；块茎为长椭圆形，皮为淡黄色，肉为鲜黄色，表皮光滑，块茎大而整齐，芽眼少而浅，结薯集中。块茎对光敏感，植株抗 Y 病毒和卷叶病毒，对 A 病毒和癌肿病免疫。鲜薯干物质含量为 17.7%，淀粉含量为 12.4%～14.0%，还原糖含量为 0%～3%，粗蛋白含量为 1.55%，维生素 C 含量为 136 毫克 / 千克（农业部优质农产品开发服务中心，2017）。

图 3-2　费乌瑞它

（二）早大白

早大白马铃薯为极早熟品种，生育天数为 60～65 天。块茎呈椭圆形，白皮、白肉，表皮光滑，薯块好看，结薯集中，大中薯率（商品率）高达 90% 以上。品质好，适口性好。早大白马铃薯的适应性较强，我国南北方均可栽培种植，适于高水肥栽培。一般亩产 1500 千克，高产可达 4000 千克以上（农业部优质农产品开发服务中心，2017）。

（三）大西洋

品种来源于美国，于 1978 年引入我国，属中晚熟品种，生育期从出苗到植株成熟为 90 天左右。株型直立，茎秆粗壮，分枝数中等，生长势较强，株高 50 厘米左右，茎基部紫褐色；叶亮绿色，复叶大，叶缘平展；花冠淡紫色，雄蕊黄色，花粉育性差，可天然结实；块茎呈卵圆形或圆形，顶部平，芽眼浅，表皮有轻微网纹，淡黄皮、白肉，薯块大小中等而整齐，结薯集中。块茎休眠期中等，耐贮藏。蒸食品质好。干物质含量为 23%，淀粉含量为 15.0%～17.9%，还原糖含量为 0.03%～0.15%，是主要的炸片品种。该品种对马铃薯普通花叶病毒（PVX）免疫，较抗卷叶病毒病和网状坏死病毒病，不抗晚疫病。2002 年在南宁和那坡县进行冬种筛选试验（15 个品种），产量为 1485.6 千克/亩，比本地对照品种思薯 1 号增产 134%。2003 年 3—6 月在那坡、上林进行春夏繁种试验，亩产种薯分别为 2250.0 千克、2376.0 千克。2003 年 10 月至 2004 年 2 月初，用那坡自繁种薯在北流、上林、岑溪、浦北、武鸣、博白、横县、平果等地进行秋种试验，平均产量为 1074.4 千克/亩，比本地对照品种思薯 1 号增产 60.4%。2003 年 11 月至 2004 年 2 月，南宁冬种平均产量为 1274.8 千克/亩（农业部优质农产品开发服务中心，2017）。

（四）中薯 5 号

中薯 5 号是中国农业科学院蔬菜花卉所 1998 年育成的马铃薯品种，为早熟马铃薯品种，生育期 60 天左右。株型直立，株高 55 厘米左右，生长势较强，茎绿色；复叶大小中等，叶缘平展，叶色深绿，分枝数少；花冠白色；天然结实性中等，有种子；块茎略扁圆形，淡黄皮、淡黄肉，表皮光滑，大而整齐，春季大中薯率可达 97.6%，芽眼极浅，结薯集中。炒食品质优，炸片色泽浅。田间鉴定调查植株较抗晚疫病、PVX、PVY 和 PLRV 花叶和卷叶病毒病，生长后期轻感卷叶病毒病，不抗疮痂病。苗期接种鉴定中抗 PVX、PVY 花叶病毒病，后期轻感卷叶病毒病。干物质含量为 18.5%，还原糖含量为 0.51%，粗蛋白含量为 1.85%，维生素 C 含量为 29.1 毫克 /100 克鲜薯。一般亩产 2000 千克左右。适宜北京平原二季区做春、秋两季种植以及门头沟、延庆山区一季区做早熟栽培种植（农业部优质农产品开发服务中心，2017）。

（五）云薯 901

早熟品种，冬季种植生育期为 77～88 天，比对照种粤引 85-38 迟熟 1 天左右。平均株高 44.4 厘米；茎、叶绿色；块茎呈椭圆形，黄皮、乳白肉，薯皮光滑，芽眼浅；薯块整齐度为中等，商品薯率为 87.0%～90.3%。品质鉴定为优，品质分为 85 分。理化品质检测结果：还原糖含量为 0.05%，维生素 C 含量为 36.60 毫克 /100 克，蛋白质含量为 2.38%，块茎干物质含量为 16.45%，淀粉含量为 12.16%。抗病性接种鉴定为中抗晚疫病、高感青枯病（农业部优质农产品开发服务中心，2017）。

（六）云薯 201

中晚熟鲜食品种，生育期 91 天。株型扩散，生长势中等，株高 51.4 厘米，分枝少；茎绿色带淡紫色；叶绿色，复叶小；花冠白色；结薯集中，块茎椭圆形，表皮光滑，芽眼深浅中等，黄皮、淡黄肉，商品薯率 62.1%。人工接种鉴定，植株抗马铃薯 X 病毒病、抗马铃薯 Y 病毒病、高抗晚疫病；干物质含量为 23.90%，淀粉含量为 15.40%，还原糖含量为 0.19%，粗蛋白含量为 2.20%，维生素 C 含量为 25.30 毫克 /100 克。该品种符合国家马铃薯品种审定标准，通过审定。适宜在云南、贵州、四川南部、陕西南部、湖北西部的西南马铃薯产区种植（农业部优质农产品开发服务中心，2017）。

（七）夏波蒂

原名 shepody，1980 年加拿大育成，1987 年从美国引进我国试种。本品种属中熟种，从播种到成熟需要 120 天左右。茎绿、粗壮，多分枝，株型开张，株高

60～80厘米；叶片卵圆形交替覆盖且密集较大，浅绿色；花浅紫色（有的株系为白花），花瓣尖端伴有白色，开花较早，多花且顶花生长，花期较长；结薯较早且集中，薯块倾斜向上生长；块茎长椭圆形，一般长10厘米以上，大的超过20厘米，白皮、白肉，表皮光滑，芽眼极浅，大薯率（超过280克的比例）高。块茎干物质含量为19%～23%，还原糖含量为0.2%，商品率为80%～85%。夏波蒂对栽培条件要求严格，不抗旱、不抗涝，对涝特别敏感，喜通透性强的沙壤土，喜肥水，退化快，对早疫病、晚疫病、疮痂病敏感，易感PVX、PVY病毒，块茎感病率高。主要用于炸条，在国内马铃薯炸片品种不能满足市场需要的情况下，中小薯块也可作炸片替代品种（农业部优质农产品开发服务中心，2017）。

（八）冀张薯12号

冀张薯12号（国审薯2014004）是河北省高寒作物研究所用大西洋/99-6～36选育的中晚熟鲜食品种。由河北省高寒作物研究所提出品种申请，2015年1月19日经第三届国家农作物品种审定委员会第四次会议审定通过，审定编号为"国审薯2014004"。适宜于河北北部、陕西北部、山西北部和内蒙古中部等华北一季作区种植。马铃薯晚疫病重发区慎用。冀张薯12号于2011—2012年参加国家马铃薯中晚熟华北组品种区域试验，块茎亩产分别为2736千克和2244千克，分别比对照紫花白增产33.9%和22.7%，两年平均亩产2490千克，比对照增产28.3%。2013年生产试验，块茎亩产2428千克，比对照紫花白增产26.7%（农业部优质农产品开发服务中心，2017）。

（九）彩色土豆

彩色土豆有紫色、红色、黑色和蓝色，可作为特色食品开发。由于本身含有抗氧化成分，因此，经高温油炸后彩薯片仍保持着天然颜色。另外，紫色土豆对光不敏感，油炸薯片可长时间保持原色。彩色土豆比普通土豆娇贵一点。它主要是凸显在营养价值上，它的各种营养成分（比如花青素等抗氧化物质）含量要高于普通土豆。

目前中国已培育出以紫色、红色为主的彩色优质马铃薯，将紫色、红色马铃薯老品种与优良高产马铃薯品种杂交，改良筛选出100多份不同品系的彩色马铃薯。与老品种相比，改良后的彩色马铃薯芽眼小、外观好看、抗病性强、亩产可达到 1000～1500 千克。

据农业专家初步分析，黑色马铃薯之所以呈现黑紫色，是因为其含有大量的花青素，而花青素具有抗衰老作用。同时，黑色马铃薯还具有主秆发达、分枝少、生长势强、抗病性强的特点，亩产达 1500 千克，比普通马铃薯品种增产 20% 左右。由于该品种抗病性的提高，大大降低了生产中农药的使用剂量，有利于生产出无污染、无公害的绿色食品（农业部优质农产品开发服务中心，2017）。

1. 陇薯 3 号

该品种属中晚熟，生育期（出苗至成熟）为 110 天左右。株型半直立较紧凑，株高 60～70 厘米；茎绿色、叶片深绿色；花冠白色；天然偶尔结实（图 3-3）；薯块扁圆或椭圆形、大而整齐，黄皮、黄肉，芽眼较浅并呈淡紫红色，结薯集中，单株结薯 5～7 块，大中薯率 90% 以上。块茎休眠期长，耐贮藏，品质优良，抗病性强，高抗晚疫病，对花叶、卷叶病毒病具有田间抗性。

图 3-3　陇薯 3 号

经多年田间筛选鉴定，西北农林科技大学陈勤教授团队选育出系列适合主食加工型高营养彩色马铃薯新品种。这些品种由常规杂交育种途径培育成，属于非转基因品种，其产量和品质均优于现有的彩色马铃薯品种（农业部优质农产品开发服务中心，2017）。

2. 红美

红美是由内蒙古农牧业科学院马铃薯研究中心和内蒙古铃田生物技术有限公司共同杂交选育而成（图 3-4）。该品种采用栽培品种 NS-3 做母本、LT301 做父本，通过有性杂交后代的系统选育而成，2014 年通过内蒙古自治区新品种审定，品种审定编号为"蒙审薯 2014001 号"，该品种由常规育种手段培育而成，属于非转基因品种。红美

图 3-4　红美

的薯皮、薯肉均为红色，薯皮略粗糙；长椭圆形，芽眼较浅、数目少；植株茎秆略带紫色；叶片半直立生长，叶色深绿，叶柄深紫色；匍匐茎短、红色；结薯集中，单株平均结薯 5～9 个，平均单薯重 96.3 克；整齐度高，丰产性高。生育期为 75～80 天，属早中熟品种；对晚疫病有一定的抗性。内蒙古自治区一般亩产1400～1800 千克，栽培条件及种植水平高的田块亩产可以达到 2000 千克以上。淀粉含量为 13.8%，干物质含量为 21.9%，维生素 C 含量为 23.2 毫克 /100 克，还原糖含量为 0.26%，粗蛋白含量为 2.56%，硒含量为 73.64 微克 / 千克，花青素含量为 217.91 毫克 / 千克。耐贮性好，营养丰富，是一个集美色、营养、保健于一身的马铃薯新品种（农业部优质农产品开发服务中心，2017）。

3. 黑金刚

图 3-5　黑金刚

黑金刚土豆，又称"寿薯"。皮黑色、肉黑紫色，蒸煮后肉质呈宝石蓝般晶体亮丽蓝紫色泽，冠名以"黑金刚"（图 3-5）。幼苗生长势强，株型半直立，分枝 3～4 个，株高 45 厘米左右；茎叶绿色；叶缘平展，茸毛少，复叶中等，侧小叶 2～3 对，排列较整齐；花冠白色，无重瓣，雄蕊黄色，柱头三裂，花粉少，天然结实少；结薯集中，单株结薯 8～12 个，薯块长椭圆形，长 10厘米左右，皮黑色，肉黑紫色，表皮光滑，

芽眼数和深度中等。幼苗至成熟为 90 天左右，中熟品种，亩产 2000 千克左右，含淀粉、还原糖、微量元素及丰富的维生素，富含花青素，具有抗癌、延缓衰老、美容等多种保健功能。块茎休眠期 45 天左右，较耐贮藏（农业部优质农产品开发服务中心，2017）。

4. 黑美人

黑美人土豆皮肉皆为黑紫色，蒸、煮后其肉质部分呈现出蓝宝石般晶体亮丽蓝紫色泽的特点，冠以"黑美人土豆"之名。黔审薯 2016005 号，由贵州省马铃薯研究所、贵州金农马铃薯科技开发有限公司和贵州金农食品科技有限公司引进，由甘肃省兰州陇神航天育种研究所与甘肃陇神现代农业公司采用航天育种技

术选育而成（图 3-6）。

"黑美人土豆"新品系幼苗生长势较强，田间整齐度好，株型半直立，分枝 3～4 个，株高 32 厘米；茎、叶绿紫色，叶缘平展，茸毛少，复叶中等，侧小叶 2～3 对，排列较整齐；花冠紫色，无重瓣，雄蕊黄色，柱头三裂，花粉少，天然结实少；单株结薯 6～9 个，薯块长椭圆形，长 10 厘米左右，皮黑色、肉黑紫色，表皮光滑，芽眼数和

图 3-6　黑美人

深度中等。"黑美人土豆"新品系出苗至成熟为 90 天左右，属中熟品种。结薯集中，单株平均结薯 473 克，大面积平均亩产 1500 千克左右，块茎休眠期为 60 天左右，耐贮藏。黑美人普通花叶病（PXV）轻度发生，对照品种普通花叶病中度发生，田间未见环腐病、晚疫病。据此认定，彩色马铃薯新品系——黑美人对早疫病、普通花叶病有较好的抗性。淀粉含量为 12%，每千克黑美人中含粗淀粉 119.7 克、还原糖 3.49 克，每百克黑美人中含蛋白质 2.45 克、脂肪 0.1 克、碳水化合物 16.5 克、维生素 C 21.7 毫克。其黑紫色的原因是富含 Delphindin（紫色）花青素，经北京谱尼理化分析测试中心检测（检测报告编号为：SH061204-014），其花青素含量为每百克 4.28 毫克。该品种除营养丰富外，其富含的花青素还具有抗癌、抗衰老、美容和防止高血压等多种保健作用（农业部优质农产品开发服务中心，2017）。

5. 紫玫瑰二号

紫玫瑰二号（GPD 马铃薯（2019）610009），由西北农林科技大学培育（图 3-7）。幼苗直立，株型开展，分枝中等，株高 30～40 厘米；茎紫褐色，横断面三棱形；叶色深绿，茎和叶柄有紫色素；花冠浅紫色；块茎圆形，表皮光滑，呈紫色，薯肉紫色；淀粉含量 15% 左右，芽眼浅，芽眼数中等，结薯集中，单株结薯 6～10

图 3-7　紫玫瑰二号

个，单薯重 100～260 克。生育期 80 天左右，属中熟品种，耐旱、耐寒性较强，适应性较广，一般亩产 2000～2500 千克。块茎休眠期中等，较耐贮藏。中抗晚疫病，中感病毒病（农业部优质农产品开发服务中心，2017）。

6. 黑玫瑰四号

图 3-8　黑玫瑰四号

黑玫瑰四号（GPD 马铃薯（2019）610010），由西北农林科技大学培育（图 3-8）。幼苗直立，株型开展，株高 40～45 厘米；茎呈紫褐色，横断面三棱形，主茎发达，分枝较少；叶深绿色，叶柄有紫色素；花冠浅紫色；块茎椭圆形，薯皮紫色，表皮光滑，有光泽，薯肉黑紫色，芽眼浅。淀粉含量为 15%，品质坚实，口感好。结薯集中，单株结薯 6～8 个，单薯重 120～250 克。生育期为 65 天左右，属早熟品种，适应性较广。一般亩产 2500～3000 千克，比对照品种增产 30% 左右。中感病毒病，中感晚疫病。块茎休眠期中等，耐贮藏（农业部优质农产品开发服务中心，2017）。

三、合格脱毒种薯

合格脱毒种薯是采用在无菌条件下的茎尖脱毒技术和组织培养快速繁殖技术等现代生物技术结合病毒、真菌、细菌病害检测技术，在人工隔离条件（温室或网室）和天然相对隔离条件下，经过 3 年（代）以上的合格种薯生产体系，由具备生产许可证、经营许可证的专业化种薯公司生产出来的，且具备符合各级脱毒种薯质量标准的种薯检验合格证的种薯。

马铃薯的产量和质量与种薯密切相关。种薯不行，产量和质量就会大打折扣，病毒一旦侵入马铃薯植株和块茎，就会引起马铃薯严重退化并产生各种病症，导致马铃薯产量大幅下降。因此，要经过物理、化学、生物等一系列技术清除薯块体内病毒，以生产合格脱毒种薯。

在马铃薯栽培过程中出现叶片皱缩卷曲、叶色浓淡不均、茎秆矮小细弱、块茎变形龟裂、产量逐年下降等现象，就表明马铃薯已经发生退化。种薯退化是病毒的侵染及其在薯块内积累造成的，也是引起产量降低和商品性状变差的主要原因。《马铃薯种薯》（GB 18133—2012）规定了不同等级合格脱毒种薯的标准（表3-1、表3-2）。

表 3-1　各级别种薯带病植株的允许率（%）

检验批次	病害及混杂株	种薯级别				
		原原种	一级原种	二级原种	一级种薯	二级种薯
第一次检验	类病毒植株	0	0	0	0	0
	环腐病植株	0	0	0	0	0
	病毒病植株	0	≤0.25	≤0.25	≤0.5	≤2.0
	黑胫病和青枯病植株	0	≤0.5	≤0.5	≤1.0	≤3.0
	混杂植株	0	≤0.25	≤0.25	≤0.5	≤1.0
第二次检验	类病毒植株	0	0	0	0	0
	环腐病植株	0	0	0	0	0
	病毒病植株	0	≤0.1	≤0.1	≤0.25	≤1.0
	黑胫病和青枯病植株	0	≤0.25	≤0.25	≤0.5	≤2.0
	混杂植株	0	0	0	≤0.1	≤0.1
第三次检验	类病毒植株	0	0	0		
	环腐病植株	0	0	0		
	病毒病植株	0	≤0.1	≤0.1		
	黑胫病和青枯病植株	0	≤0.25	≤0.25		
	混杂植株	0	0	0		

表 3-2　一、二级种薯的块茎质量指标

块茎病害和缺陷		允许率/%
环腐病		0
湿腐病和腐烂		≤0.1
干腐病		≤1.0
疮痂病、黑痣病和晚疫病	轻微症状（1%～5% 块茎表面有病斑）	≤10.0
	中等症状（5%～10% 块茎表面有病斑）	≤5.0

续表

块茎病害和缺陷	允许率 /%
有缺陷薯（冻伤除外）	≤0.1
冻伤	≤4.0

原原种是用脱毒的试管苗移栽或扦插最初产生的种薯。特点是种薯很小，多数在 1 克以上，最大 20 克。原原种的标准要求很高：一是不能带任何病毒或类病毒；二是不能有真菌和细菌性病害侵染；三是不允许有混杂现象。原原种的繁殖一般都在温室或网室内进行，应严格防治蚜虫、粉虱、螨等害虫。

一级原种是用原原种生产的种薯。一级原种的生产仍在网棚内进行。因原原种的块茎很小，应精细播种、加强管理。由原原种繁殖所得到的一级原种要求保持 100% 的纯度，基本不带任何病毒或类病毒，不能感染任何细菌病害和危险的癌肿病、线虫病。一级原种的块茎比较大，比正常的块茎略小一点。

二级原种是用一级原种生产的种薯。因为一级原种的块茎比较大，可选择在蚜虫特别少的冷凉地区或高山上种植。利用天然的隔离条件种植一级原种，能生产出高质量的二级原种。二级原种的块茎比一级原种大，达到正常标准。二级原种要求基本没有病毒侵染，纯度不低于 100%，真菌和细菌病害不能超过 0.1%。

良种或合格种是由二级原种生产的种薯。良种是用于提供生产的种薯。良种要求纯度保持在 99% 左右，病毒病不超过 3%，不应有环腐病和青枯病。对于检疫性的病害如癌肿病、线虫病和粉痂病应全部杜绝。只有保证良种质量，才能使农民获得马铃薯高产，取得良好的经济效益（张丽莉 等，2016）。

第三节　马铃薯安全种植技术

一、"稻—稻—冬作马铃薯"水旱轮作绿色高效种植模式

华南农业大学马铃薯产业团队联合深圳市芭田生态工程股份有限公司等涉农龙头企业，在国家现代农业产业技术体系广州综合试验站等项目或课题经费支持

下，针对近年来种植各种农用投入品和人工成本不断攀升造成马铃薯经济性下降及马铃薯主产区连作障碍严重等瓶颈问题，开展"稻—稻—冬作马铃薯"水旱轮作绿色高效种植关键技术集成和示范推广，主要开展了优质常规水稻、冬作马铃薯品种引选与示范等工作。引进的马铃薯、水稻新品种，增加产量，提升品质，提高销售价格，增加种植效益。水旱轮作高效栽培集成技术形成过程：通过开展水稻和马铃薯品种比较、适宜播期和密度、肥水调控、茬口安排、抗逆绿色高效种植、适宜收获期等试验，集成了生态、优质、高效的"稻—稻—冬作马铃薯"水旱轮作绿色高效种植模式，从而增加了复种指数、土地利用率，分摊大户租地成本，改善马铃薯生长环境，提高马铃薯抗逆性、适应性，减少连作障碍，建立"水稻—马铃薯"轮作生产示范基地 5 个，示范水稻、马铃薯新品种水旱轮作全程机械化绿色高效种植模式，提高工作效率，增加整个系统的经济效益。

在整个"水稻—马铃薯"轮作绿色高效种植模式中，选肥用肥对冬作马铃薯产量和品质影响很大。例如，生物有机肥对改良土壤、提高地力、增加马铃薯产量等有很好的作用。合理高效利用生物有机肥（物料）资源是农业生态发展的重要课题。但工农业生产中产生的有机废弃物资源往往被闲置，或是由于其养分含量不高、技术水平较低，目前循环高效利用有机废弃物仍是中国相对薄弱的环节。近年来，生物有机肥的标准化生产逐步受到重视，用高温快速发酵的标准化技术生产出优质、高效的有机肥料，在提高农作物产量和改良土壤中表现出很好的效果。本书主编之一王宗抗根据深圳市有机废弃物资源状况，在城乡工农业生产过程中产生的秸秆、茶叶渣、酒糟、食品渣等材料中添加一部分的钙镁磷钾肥和低品位磷矿等，再用高温快速堆肥技术进行集中无害化处理，生产出优质高效的有机肥原料，通过添加功能微生物菌剂，可配制出符合《生物有机肥》（NY 884—2012）标准的生物有机肥料，并在马铃薯生产上进行试验，研究生物有机肥对马铃薯生长和土壤肥力的影响，同时探讨有机废弃资源和矿物质资源循环高效利用的措施。

生物有机肥含有丰富的有机质和多种营养元素，还含有特定功能的微生物，可以活化土壤中矿物固定的养分。无机肥、有机肥合理配施可以培肥土壤，提高肥料的利用率，促进植株生长，增加作物产量。干物质积累量是马铃薯产量形成的基础，块茎膨大期大量物质由叶、茎向块茎转移才能获得高产。

据报道（杨合法 等，2006；曹健 等，2011），有机肥具有改善土壤团粒结构、提高土壤透气性、增强土壤生物活性、提高保水保肥性能的作用，且不同种类的有机肥对土壤的改良效果不同。

使用完全腐熟的有机肥料已是农业生产中的共识，但发酵腐熟程度仍是关系到工艺和成本的一个重要问题，应用发酵产物和生物有机肥成品比较，生物有机肥对马铃薯生长特别是地下块茎生长具有更好的促进作用，同时生物有机肥改善了土壤 EC 值、土壤容重等多项土壤理化指标，提高了土壤有机质含量。而未经后熟的发酵产物（鸡粪、牛粪、猪粪）虽然促进了马铃薯的生长，但其对一些生长指标和土壤生理指标有负面影响，可见生物有机肥后期制作工艺非常重要。生物有机肥在改善土壤生态环境、促进土壤有益微生物的生存和繁衍、增强土壤生物活性方面有重要作用。高温快速发酵堆肥技术是生产优质高效生物有机肥的普遍方法。通常认为高温快速发酵完成后发酵产物的温度自然下降是材料腐熟的重要标准，初期产物对促进马铃薯生长和改良土壤的作用远比充分腐熟的生物有机肥效果差。

南方冬作区主要包括广东、广西、福建等省（区），大部分属热带亚热带海洋性气候，无霜期 300 天以上，冬季凉爽、干旱、光照充足。南方冬闲面积约 1633 万公顷，种植马铃薯 33.33 万多公顷，约占冬闲稻田的 2.0%，且由于冬闲稻田种植马铃薯的效益较好，因此，南方冬作区马铃薯还具有一定的发展空间。以下主要针对"早稻—晚稻—冬作马铃薯"的耕作制度为主的马铃薯绿色高效技术体系进行阐述，以便对相似生态区的冬作马铃薯丰产优质栽培和南方马铃薯产业的良性发展提供参考。

（一）品种选择

南方冬作区冬季适于马铃薯生长的较短的气候条件、季节紧凑的耕作制度以及出口和超市为主的鲜食销售市场导向等因素决定了冬闲稻田马铃薯以中早熟、优质、适合鲜食出口的品种为主，优良品种要求薯形好，最好是椭圆形或长椭圆形、顶部不凹、脐部不陷、表皮光滑、芽眼较少而极浅（平）、易于清洗和去皮。以广东和广西为例，冬作马铃薯主要以费乌瑞它系列品种（包括粤引85-38、鲁引 1 号、津引 8 号、荷兰 15 等）为主，占栽培总面积的 90% 以上。

广东由于受气候和病虫害条件的限制，至今都无法大规模生产合格脱毒种薯，因此每年都需要从北方一季作区调种。优质种薯采用合格脱毒一级种薯，选择具有生产许可证和符合国家种薯质量标准的合格脱毒一级种薯。

（二）种薯的催芽、切块及消毒

种薯购回后，最好摊晾在通风、避雨且有散射光的仓库中，最高排放 3～5 层，每隔 3～5 天翻层挑拣、剔除病烂薯，待芽催出 0.5～1.0 厘米时即可切块种植。

选择健康或已经催芽的较大种薯进行切块，每个切块最适宜重量为 25～30 克，每个切块须带 1～2 个芽眼。切块应呈三角形、契状，而不能切成片状。种薯切块应在播种前 1～2 天进行。发现烂薯时及时淘汰，切刀切到烂薯时要把切刀擦拭干净后再用 75% 酒精或 0.5% 高锰酸钾溶液消毒。

切块后，为了防止腐烂，要用 2.5 千克 70% 甲基托布津可湿性粉剂加 2.5 千克 58% 甲霜灵锰锌可湿性粉剂和 0.2 千克 72% 的农用链霉素均匀拌入 50 千克滑石粉成为粉剂，每 100 千克种薯用 2 千克混合粉剂拌匀，要求切块后 30 分钟内均匀拌于切面。该法是较好且省工、省时的种薯消毒方法（图 3-9）。

图 3-9　干拌法

（三）整地技术

田块选择。栽培田土质以富含有机质、肥力较高、排灌方便、土层深厚、微酸性的前作为水稻的沙质壤土最为适宜。晚稻收获后，犁翻、晒白、耙碎、平整，最好保证松土层（耕作层）达 20 厘米以上。

开沟、施肥与起垄。按 110 厘米包沟起畦，其中畦面宽 85～90 厘米、畦面高 20～25 厘米、垄间沟宽 20～25 厘米，要求土块细碎、垄面和沟底平直、条施基肥（包括农家肥和部分化肥）。

其中机械起垄作畦方法为：先撒（条）施农家肥和化肥作基肥，然后用旋耕起垄机械犁翻、开沟和起垄。

（四）播种技术

播期选择。10 月 20 日至 11 月 20 日为适宜播种期。宜遵守以下原则：在不影响晚稻收获且天气允许的条件下适时早播，有利于翌年春天早收，并可避开晚疫病发病的低温阴雨高湿天气，从而减轻晚疫病发病，减少农药使用。

播种密度和播种方式。播种密度依品种特性、生产目的及栽培田块肥力状况而定。早熟、产品中等大小、肥田宜密，中晚熟、产品大、瘦田宜疏，一般以 4000～5500 株 / 亩为宜，双行植垄内行距 30 厘米左右，株距 22～25 厘米，行距确定，株距可随播种密度适当调整。有沟播和穴播两种播种方法，将催好芽的薯块采用"品"字形错株播种，下种时薯块不能直接接触基肥，播种深度以薯块上面覆土 5～6 厘米为宜。

（五）适宜的覆盖技术

播种后，用黑色塑料膜（70 厘米（宽）×0.012～0.015 毫米（厚））沿垄面覆盖，继而黑膜表面覆土 5～6 厘米，有利于幼苗破膜出土。但是，若播种时高温高湿，则暂缓覆膜，待天气凉爽时再覆膜，以减少烂种。

（六）"一基免追"施肥技术

按照《肥料合理使用准则通则》（NY/T 496—2010）的规定执行。根据土壤肥力，确定相应施肥量和施肥方法。按每生产 1000 千克鲜薯需吸收纯氮（N）4.14 千克、磷（P_2O_5）2.34 千克、钾（K_2O）8.74 千克计算，依据平衡施肥目标产量法结合养分比例法，总施肥方案为：在施用 400～600 千克 / 亩优质商品有机肥或含有相当养分的其他优质腐熟有机肥（如腐熟鸡粪等）条件下，肥料施用方案见表 3-3。表 3-3 中的肥料用量按土壤氮钾肥力在中低水平下确定，且先确定氮用量，磷钾肥用量按照以氮定磷钾确定，实际施用量应根据当地土壤肥力状况及种植模式适当调整，以实现冬作马铃薯的高产优质高效。

表 3-3 基于目标产量和养分比例法的肥料施用范围

目标产量 / （千克/亩）	施用单一肥料 / （千克/亩）			施用复合肥 / （千克/亩）
	尿素 （N，46%）	过磷酸钙 （P_2O_5，12%）	硫酸钾 （K_2O，50%）	复混肥（N-P_2O_5 -K_2O =15 -6 -24） 或相当配方
2000	20.0～25.0	30.7～38.3	29.3～36.6	61.3～76.7
3000	30.0～37.5	46.0～57.5	43.9～54.9	92.0～115.0
3500	35.0～43.8	53.7～67.2	51.2～64.1	107.3～134.3

采用优质商品有机肥（用量参考外包装上建议的施用量）＋马铃薯缓控释复合肥（15-6-24 或相似氮磷钾配方），起垄后在垄中间条施（施肥深度为 15～20 厘米），既可提高肥料利用率，又可避免烧苗。施肥量参照表 3-3 推荐的不同目标产量复合肥用量范围。

（七）水分管理

马铃薯全生育期如能始终保持田间相对持水量的 65%～85%，对获得高产最为有利。

（1）幼苗期，土壤相对含水量保持在 65% 左右。

（2）块茎形成至块茎膨大期，土壤相对含水量保持在 80%～85%。

（3）淀粉积累期，土壤相对含水量保持在 75%～80%，收获前 10 天停止灌水。

（4）后期水分宜少，否则易造成烂薯，影响产量和品质。

冬季广东少雨土壤过于干旱时，可采用沟灌的办法润土，灌水高度约畦高的 1/3，最多不超过 1/2，保留数小时，垄中间 8～10 厘米深处土壤湿润时及时排水，要严防积水造成烂薯，或暴干暴湿造成空心薯、畸形薯等。

（八）培土和除草

在齐苗后 5～10 天，苗高 15～20 厘米时培土，重点是对覆膜培土厚度（5～6 厘米）不够或空白的部位补土，防止马铃薯生长后期薯块见光变绿，影响马铃薯的商品价值。培土时应尽量避免泥土把叶片盖住或伤害茎秆。

对马铃薯播种后封行前长出的杂草用 20% 草铵膦 200～250 倍液定向喷雾，也可与培土结合。对于垄面上或封行后长出的恶性杂草应进行人工除草。

（九）晚疫病化学药剂防治技术

1. 防治药剂

晚疫病易在冬末春季阴雨连绵、低温、高湿条件下发生和流行。应密切关注气象预报，结合田间中心病株发生情况，开展晚疫病预测预报；在利于晚疫病发生和流行的气象条件之前，使用保护剂代森锰锌或丙森锌，发病期间使用治疗剂组合克露＋金雷＋克露、安克＋金雷＋安克、安克＋凯特＋安克进行应急防控。

2. 防治方法

（1）第 1 次用治疗剂的条件见表 3-4。

（2）在不满足第 1 条所述条件时使用保护剂（代森锰锌或丙森锌），一般在雨季来临之前 10～20 天，即 1 月中下旬使用。

（3）在第 1 次使用治疗剂（组合中第 1 种治疗剂）后 7～10 天内，使用同一组合内第 2 种治疗剂施药，以后 2 种治疗剂交替轮换使用。

表 3-4　第 1 次用治疗剂的条件

序号	气象条件	药剂
1	小雨 24 小时，温度 10～25℃，相对湿度＞80% 持续 24 小时以上	
2	温度 10～25℃，相对湿度＞90% 持续 36 小时以上	
3	温度 10～15℃，2 天夜间露水＞6 小时或 1 天有小雨	第 1 次治疗剂
4	温度 10～25℃，3 天有雾＞6 小时	
5	附近种植区域出现中心病株	

（十）其他主要病虫害综合防治技术

其他冬作马铃薯主要虫害为地老虎、蚜虫、螨虫等，主要病害为早疫病、灰霉病、青枯病、黑胫病等。

预防为主，综合防治。提倡以"农业防治、物理防治、生物防治为主，化学防治为辅"的无害化治理原则。

1. 青枯病的防治方法

（1）选用脱毒种薯。

（2）选择种植抗病的早熟品种。选用生育期短的早熟品种，早种早收，在高温季节来临之前就能成熟，抢晴天及时挖收，不要让成熟的薯块留在地下时间过长，减少感染。

（3）整薯播种。种薯块最好选择大小为 30～50 克、健康的整薯播种。据研究，通过切刀可扩大病原 30 倍以上，因此，青枯病发生区不宜切块播种，最好用整薯作种，或者严格切刀消毒，做到"一刀一薯"。

（4）轮作倒茬。与禾谷类作物实行 3～4 年以上的轮作，实行间套轮作或者水旱轮作，使土壤中的病菌失去寄主而丧失活力。

（5）加强栽培管理。选土层深厚、透气性好的沙壤土或壤土，施入腐熟有机肥和钾肥，控制土壤含水量，种薯播种前做催芽处理，以淘汰出芽缓慢细弱的病薯减少发病，大薯切块后用杀菌剂和草木灰拌种杀菌，采用高垄栽培，避免大水漫灌。

（6）及时拔除田间病株，做好病残株处理。当田间发现萎蔫植株或部分萎蔫植株时，连基部泥土、薯块一起铲除深埋或烧毁，病穴周围撒施生石灰粉消毒，或用 1∶100 的生石灰水或 1∶200 的 40% 福尔马林药液灌窝进行土壤消毒。

（7）药液灌根。用 25% 络氨铜水剂、77% 氢氧化铜可湿性粉剂 500 倍液、47% 春雷氧氯铜可湿性粉剂 700 倍液、消菌灵 1200 倍液、72% 农用硫酸链霉素可湿性粉剂 4000 倍液灌根，每株灌药液 0.3～0.5 升，每隔 10 天灌 1 次，连续灌根 2～4 次，或用 1∶240 倍波尔多液喷雾。值得注意的是灌根技术需配合机械施药机具，若无，则不建议实施，因为人工成本较高。

2. 早疫病的防治技术

（1）选用抗病品种和不带病种薯。

（2）加强田间管理。选择土壤肥沃的高燥田种植，施足基肥，合理施用商品或无害化处理的有机肥，生长期间加强管理，提高植株抗病能力，适当提早收获。

（3）清洁田园。收获后及时清除病残组织，深翻晒土，减少越冬菌源。重病区实行 2～3 年的轮作换茬。

（4）发病初期选用 80% 大生可湿性粉剂 600～800 倍液，或 70% 代森锰锌 500～600 倍液，或 80% 喷克可湿性粉剂 600 倍，隔 7～10 天 1 次，连续防治 2～3 次。

3. 灰霉病的防治技术

（1）种植密度合理，合理施用氮肥。

（2）加强田间管理。田块排水通畅，农事操作时尽量避免造成植株伤口。

（3）药剂防治。病害发生初期及时喷施 50% 咯菌腈可湿性粉剂（商品名：卉友），视发生严重程度，每 7～10 天喷施 1 次。

4. 枯萎病的防治技术

（1）选用不带病菌的合格脱毒种薯，播种时避开雨天。

（2）加强田间管理。选择排水良好的田块种植，生长期内加强排水管理。

（3）进行合理轮作。收获后及时清除病残组织，深翻晒土，减少越冬菌源。重病区与禾本科，特别是水稻，施行 2～3 年的轮作换茬。

（4）用熟石灰拌种处理种薯切块后，应摊晾下使伤口愈合。

5. 蚜虫的防治技术

发现蚜虫时，每亩用 5% 扑虱蚜 3000 倍液，或 10% 吡虫啉可湿性粉剂 2000 倍液兑水 50～60 千克喷雾，每隔 7～10 天喷药 1 次，连喷 3～5 次。

（1）铲除田间、地边杂草，消灭蚜虫中间寄主和栖息场所，减少虫源。

（2）黄板诱蚜。在有翅蚜向薯田迁飞时，利用蚜虫趋黄性，将纤维板、木板或硬纸板涂成黄色，外面涂 10 号机油或凡士林等黏着物诱杀有翅蚜虫。黄板高出作物 60 厘米，悬挂方向以东西方向为宜，每亩 30 块左右。

（3）种植诱集带。在马铃薯大面积种植区域，可在边缘种植不同生育期的十字花科作物，以诱集蚜虫，集中喷药防治。

（4）银灰色避蚜。银灰色对蚜虫有较强的趋避性，可在马铃薯田块插杆拉挂 10 厘米宽的银灰色反光膜趋避蚜虫，该法对蚜虫迁飞传染病毒有较好的防治效果。

（5）化学防治。① 用 70% 噻虫嗪干种衣剂 1.8～2.5 克加 1 千克滑石粉拌 100 千克种薯，阴干后播种，可控制苗期蚜虫。②由于蚜虫有瓢虫、草蛉、食蚜蝇、蜘蛛等多种天敌，所以在天敌主要繁殖季节应重视协调化防，当商品薯生产田瓢蚜比低于 1：150～200 头时再进行化防。每亩可选用 10% 吡虫啉可湿性粉剂 1000 倍液、1.8% 阿维菌素 2000～3000 倍液喷雾，喷药时注意使叶片正反面均匀着药，不重喷、不漏喷、药液不下滴。一般每隔 7～10 天喷 1 次，连续喷药

2～3次。

6. 地下害虫的防治技术

（1）施用经无害化处理的农家肥或商品有机肥。由于金龟甲、叩头甲等对未腐熟的农家肥有趋性，驱使其将卵产在未腐熟的粪肥中，地下害虫发生严重，而农家肥经高温堆沤发酵后可杀死其中的卵和幼虫，因而必须施用腐熟有机肥或商品有机肥。

（2）合理轮作。与水稻（早晚稻或中稻）轮作，可有效地减少地下害虫的危害风险。

（3）用频振式杀虫灯（黑光灯）诱杀成虫。金龟甲、叩头甲、蝼蛄、地老虎对黑光灯有趋性，可诱杀成虫。

（十一）适时采收

马铃薯的具体收获要依据成熟度、市场、后作农时及气候等因素确定。

生理成熟是马铃薯收获的主要依据，这时的产量最高。成熟度确定原则：①植株茎叶由绿转黄，逐渐黄枯，这时茎叶中的养分已转入块茎，基本停止了块茎增长；②块茎脐部与着生的匍匐茎容易脱离，比较大的块茎不需要用力拉即可从脐部与匍匐茎分开；③块茎表皮韧性较大，皮层较厚，皮色正常。

市场情况：对于结薯早的品种，特别是南方冬作春季收获的马铃薯，虽然生理成熟期未到，但由于结薯早、块茎大、产量高，很早就可以收到较大的薯块，能及早向市场提供商品薯，增加经济收入，可以适当提早收获。

后作农时确定原则：以不影响后作作物正常播种生产为原则。

气候情况：对于广东冬作马铃薯来说，收获期是第二年的2—3月，属于早春雨季，因此，应该尽量早收获，避开雨季，减少病害发生和腐烂。

收获注意事项：

（1）土壤水分控制：收获前应将土壤含水量控制在60%左右，保持土壤通气环境，防止田间积水，避免收获后烂薯，提高耐贮性。

（2）天气选择：应选择晴天或晴间多云天气收获，以免雨天拖泥带水，既不便收获、运输，又影响商品品质，同时又容易因薯皮损伤而导致病菌入侵，发生腐烂或影响贮藏。

收获方法：

可采用机械、犁翻和人工挖掘等方式收获。但是，不论采取哪种收获方法，都要注意两点：一是要尽量减少机械损伤；二是收获要彻底，特别是机械收获和犁翻，应在收后耕耙时再捡一次，确保收获干净。

收获后处理：

马铃薯收获后既要避免烈日暴晒、雨淋，又要晾干表皮水汽，使皮层老化。预贮场所要宽敞、阴凉，不要有直射光线（暗处），堆高不要超过 50 厘米，要通风，有换气条件，晾干水汽后要及时装箩出售。也可视市场行情，晴天随收、随挑、随装、随售，薯块最好包纸或套袋，然后装箩筐出售，注意箩筐内壁及装箩后用厚纸遮盖，以免薯块见光变绿，影响商品率和品质。

二、绿色食品马铃薯生产技术规程（以干旱区为例）

（一）范围

《干旱地区绿色食品马铃薯生产技术规程》规定了干旱地区绿色食品马铃薯生产的适宜条件、栽培技术、病虫害防治及采收。本标准适用于干旱地区绿色食品马铃薯的生产（许爱霞，2019）。

（二）规范性引用文件

下列文件中的条款通过本标准的引用而成为本标准的条款。凡是注日期的引用文件，仅所注日期的版本适用于本标准。凡是不注日期的引用文件，其最新版本（包括所有的修改单）适用于本标准。

《马铃薯种薯》（GB 18133—2012）

《绿色食品　产地环境质量》（NY/T 391—2021）

《绿色食品　肥料使用准则》（NY/T 394—2021）

《绿色食品　农药使用准则》（NY/T 393—2020）

《绿色食品　包装通用准则》（NY/T 658—2015）

《绿色食品　贮藏运输准则》（NY/T 1056—2021）

（三）术语和定义

下列术语和定义适用于本标准。

1. 种薯

利用生物技术措施获得的病毒检测后无主要病毒的脱毒苗，经脱毒种薯生产体系繁殖的各级种薯。

2. 缓冲带

绿色食品生产体系与非绿色食品生产体系之间界限明确的过渡地带，用来防止受到邻近地区传来的禁用物质的污染。

（四）产地环境

应符合《绿色食品　产地环境质量》（NY/T 391—2021）的要求。

（五）生产技术

1. 品种选择

选择适宜干旱地区种植的马铃薯品种，提倡使用脱毒种薯，脱毒种薯质量应符合《马铃薯种薯》（GB 18133—2012）的要求。

2. 选地整地

选择3年及以上未种植马铃薯或茄科作物的地块，前茬作物以小麦、豆类为佳。选择土层深厚、肥沃疏松、有良好排灌条件的壤土或沙壤土。绿色食品和常规的马铃薯生产田应当有缓冲带，难以区分时要设置标志牌。前茬作物收获后及时深翻晒垡，耕翻深度30厘米。秋季深耕时施入腐熟有机肥5000千克/亩，耙糖整平。

3. 测土配方施肥

按照有机与无机相结合、基肥与追肥相结合的原则，实行测土配方施肥，要符合《绿色食品　肥料使用准则》（NY/T 394—2021）的要求。

4. 播种

（1）种薯处理。播前10～15天进行晒种催芽、剔除病烂薯块。播前1～2天将种薯切成25～50克大小的薯块，每个薯块需带1～2个芽眼，切刀用0.1%高锰酸钾进行消毒，播种前按照拌 1000 千克薯块用 2.4 千克 70% 甲基托布津 +2.0 千克 80% 代森锰锌均匀拌入 10 千克滑石粉进行拌种处理。

（2）播种时间。适宜时间为 4 月中下旬，气温稳定在 6～7℃时即可播种。

5. 种植方法

（1）全膜双垄沟播模式。分大、小垄种植。选用宽 120 厘米、厚度 0.012 毫米的黑色地膜，膜与膜间不留缝隙，相接覆盖，地膜相接处在小垄中间垄脊处。大垄宽 70 厘米、高 15 厘米，小垄宽 40 厘米、高 10 厘米，马铃薯种植于大垄垄侧。覆膜后 7 天左右在垄沟内每隔 50 厘米打渗水孔。

（2）常规覆膜模式。选用宽 80 厘米、厚度 0.012 毫米的黑色地膜，垄宽 60 厘米、高 15～20 厘米，垄沟宽 40 厘米，马铃薯种植于垄侧。出苗前 5～7 天在膜上覆土 1～2 厘米。

（3）合理密植。不同品种植密度也不相同。早熟品种保苗 4000～4500 株 / 亩，晚熟品种保苗 3300～4000 株 / 亩。

6. 田间管理

（1）查苗补苗。出苗前遇雨及时松土破除板结，出苗时对出苗情况应及时检查，缺苗的要及时补栽。

（2）水分管理。播种后如遇干旱天气，应及时滴灌，确保出苗。结薯期要根据天气和墒情及时灌水；结薯后期和收获前，要控制水分，防止病害发生和烂薯，降水较多时，要及时排水。

（3）中耕除草。田间杂草防治要做到早除、勤除，视杂草生长情况及时除草。

（六）病虫害防治

1. 防治原则

坚持"预防为主、综合防治"的原则，综合应用农业、物理、生物防治等绿色防控措施，辅助使用化学防治措施。

2. 农业防治

因地制宜选用抗（耐）病优良品种和脱毒种薯。合理布局，实行轮作倒茬。加强中耕除草，清洁田园，降低病虫源数量。

3. 物理防治

可采用银灰膜避蚜或黄板诱杀蚜虫。安装频振式杀虫灯诱杀害虫。

4. 生物防治

保护利用自然天敌，创造有利于天敌生存的环境条件，选择对天敌杀伤力小的农药。安装性诱剂诱杀夜蛾等害虫。

5. 药剂防治

应符合《绿色食品　农药使用准则》（NY/T 393—2020）的要求。

（七）收获与贮藏

马铃薯植株地上部茎叶枯萎、块茎停止膨大时，选择晴天收获。

收获时尽量减少薯皮损伤，保证薯块完整。收获后要及时装袋，避免暴晒、雨淋、霜冻，贮藏应符合《绿色食品　贮藏运输准则》（NY/T 1056—2021）的要求。

（八）包装

包装符合《绿色食品　包装通用准则》（NY/T 658—2015）的要求。

（九）建立生产档案

应详细记录生产环境条件、生产技术、病虫害的发生和防治、采收及采后处理等情况并保存记录。

三、马铃薯有机栽培技术规程（以张家口为例）

（一）范围

《马铃薯有机栽培技术规程》（DB13/T 865—2007）规定了马铃薯有机栽培的名词术语、选地选茬、整地、施肥、选用品种、种薯处理、播种、田间管理和病虫害防治。本标准适用于张家口地区马铃薯有机栽培。

（二）规范性引用文件

下列文件中的条款通过本标准的引用而成为本标准的条款。

凡是注日期的引用文件，其随后所有的修改单（不包括勘误的内容）或修订版均不适用于本标准，然而，鼓励根据本标准达成协议的各方研究是否可使用这些文件的最新版。凡是不注日期的引用文件，其最新版本适用于本标准。

《农田灌溉水质标准》（GB 5084—2021）

《马铃薯种薯》（GB 18133—2012）

（三）名词术语

1. 有机农业

以遵循自然规律和生态学为原理，以保护生态环境和人类健康、保持农业生产可持续发展为核心，以生产无污染、无公害、纯天然、对人类安全、健康的食品为目的，以不使用人工合成的化学农药、化学肥料、植物生长调节剂、生长激素和畜禽饲料添加剂等化学合成物质为手段的一种有机生态农业体系。

2. 传统农业

指沿用长期积累的农业生产经验，主要以人、畜力进行耕作，采用农业、人工措施或传统农药进行农作物病虫草害防治为主要技术特征的农业生产模式。

3. 有机食品

来自于有机农业生产体系，根据有机农业生产的规范生产加工，并经独立的认证机构检查、认证的农产品及其加工产品。

4. 转换期

从开始有机管理至获得有机认证之间的时间为转换期。

5. 缓冲带

有机生产体系与非有机体系之间的过渡地带（隔离带）称为缓冲带。

6. 基因工程

指分子生物学的一系列技术（譬如重组 DNA、细胞融合等）。通过基因工程，植物、动物、微生物、细胞和其他生物单位可发生按特定方式或得到特定结果的改变，而且该方式或结果无法来自自然繁殖或自然重组。

7. 允许使用

可以在有机生产过程中使用的某些物质或方法。

8. 限制使用

指在无法获得任何允许使用的物质情况下，可以在有机生产过程中有条件地使用某些物质或方法。

9. 禁止使用

禁止在有机生产过程中使用的某些物质或方法。

10. 脱毒种薯

应用茎尖组织培养技术繁育马铃薯脱毒苗，经逐代繁育增加种薯数量的种薯生产体系生产出来的用于商品薯的种薯。

（四）选地、选茬

1. 地块

选择生态环境良好、周围无污染、符合有机农业生产条件的地块。首选通过有机认证或有机认证转换期的地块，其次选择经 3 年休闲的地块或新开荒的地块开始从事有机生产。

2. 缓冲带

有机农业生产田与未实施有机管理的土地（包括传统农业生产田）之间必须设宽度至少 8 米以上的缓冲带。

3. 土壤类型

栗钙土、草甸土。以壤土为好，土壤要求达到通透性良好、排灌方便、疏松、pH 为 5.6～7.0。

4. 选茬

燕麦、小麦等茬口，不重茬，犁土晒垡。

（五）整地

秋季深耕或春季深耕，深耕 20～30 厘米，整平耙细，及时进行耙耱镇压保墒。

（六）施肥

马铃薯是喜肥作物，要施足基肥。

1. 施肥种类

以发酵腐熟好的农家粪肥为好，也可以施用绿肥、秸秆堆肥等有机肥料，这些肥料必须经过高温发酵。一般堆制农家粪肥时要求 C∶N = 25∶1～40∶1。堆积的农家粪肥在发酵腐熟过程中，至少连续 15 天以上保持堆内温度达到 55～70℃。在发酵过程中翻动 3～5 次。最好能在堆肥中多加入一些含钾较多的作物秸秆，如向日葵秸秆或草木灰等，以满足马铃薯对钾肥的需求。上述粪肥原则上来源于本种植生态圈内。

2. 施肥数量

施上述发酵好的农家肥 60000 千克 / 公顷。

3. 施肥方法

用作基肥，多采用条施，整地时施入。

4. 禁止使用

（1）严格禁止使用任何人工、化学合成的肥料、植物生长调节剂、生长激素等。

（2）禁止使用城乡垃圾肥料。

（七）选用种薯

（1）种子来源：有机农业生产所使用的农作物种子原则上来源于有机农业体系。有机农业初始阶段，在有足够的证据证明当地没有所需的有机农作物种子时，可以使用未经有机农业生产禁用物质处理的传统农业生产的种子。

（2）禁用转基因品种。

（3）种薯必须依据不同用途和当地栽培条件选用脱毒种薯。

（4）种薯质量应符合《马铃薯种薯》（GB 18133—2012）的有关规定。

（5）根据用途，晚熟品种可以选用"坝薯 10 号"等，中熟品种可以选用"克新 1 号""大西洋""冀张薯 3 号""冀张薯 5 号"等，早熟品种可选用"费乌瑞它""中薯 3 号"等。

（八）种薯处理

（1）催芽晒种：播种前 20 天，将种薯置于 18～20℃的条件下催芽 12 天、晒种 8 天，薯堆不高于 0.5 米，及时翻堆。

（2）选种薯：剔除病薯及畸形薯。

（3）切种：播前种薯切块，纵切，切块重 30～35 克。

（4）薯块处理：种薯切块后用草木灰拌种，使切口黏附均匀，禁止使用化学物质和有机农业生产中禁用物质处理种薯、薯块。

（九）播种

（1）播种时间：当土壤 10 厘米的地温稳定达到 7～8℃时为马铃薯的适宜播期，张家口市坝上地区为 5 月上旬，坝下地区为 4 月上旬。

（2）播种方法：机播或穴播，覆土、镇压连续作业。

（3）播种数量：种量约为 1875 千克 / 公顷。

（4）播种密度：一般保苗株数为 57000～66000 株 / 公顷，栽培密度应依据品种的植株繁茂及结薯习性予以适当调整，行距一般为 60～70 厘米，株距 25 厘米。

（5）覆土厚度：为 10 厘米左右。

（6）镇压：播后及时镇压保墒。

（十）田间管理

（1）抑芽：在马铃薯的芽拱土、出苗时耙磨。

（2）中耕：马铃薯苗高 5～10 厘米时第一次中耕，培土 5 厘米；封垄前完成第二次中耕，培土 8 厘米。

（3）拔草：现蕾期拔草 1 次。

（4）灌溉：如持续干旱，应及时浇灌。灌溉水应符合《农田灌溉水质标准》（GB 5084—2021）的要求。

（5）禁止使用

①全部生产过程中严格禁止使用化学除草剂除草。

②全部生产过程中严格禁止使用化学杀菌剂、化学杀虫剂防治病虫害。

③禁止使用基因工程产品防治病虫草害。

（十一）病虫害防治

1. 晚疫病防治

选用抗病品种，必要时从开花期开始限量喷洒波尔多液。

2. 蚜虫及病毒病防治

（1）限制使用 5% 鱼藤酮乳油 200 倍液喷雾。

（2）每公顷喷施经过有机认证的 0.65% 苦参素水剂 3000 毫升，兑水 900～1200 升。

（3）取适量鲜垂柳叶，捣烂加 3 倍水，浸 1 天或煮 0.5 小时，过滤后喷施滤出的汁液。

（4）取新鲜韭菜 1 千克，加少量水后捣烂，榨取菜汁液，用每千克原汁液兑水 6～8 千克喷雾。

（5）取洋葱皮与水按 1∶2 比例浸泡 24 小时，过滤后取汁液稍加水稀释喷施。

其他生产、包装、运输等环节应遵循中国有机产品标准或相关国家（地区）有机产品标准的条款；此外，其他省（区、市）的马铃薯有机栽培技术规程应根据当地生态条件制定。

第四章　丰富多彩的马铃薯食用方法

马铃薯自传入中国开始，东西南北区域的种植者和消费者就开发了形态各异、口味千差万别的食用方法，本章主要参考了屈冬玉等（2008）编著的《中国人如何吃马铃薯》一书。由于编者不是食品行家，未对各种马铃薯的食用方法作出评价，有赖读者选择自己中意的。温馨提示：编者建议尽可能不选择油炸制作工艺的食用方法，偶尔解解口腹之欲即可。

第一节　东北地区

一、炒土豆片青椒

主料：土豆 400 克，猪肉 75 克，青椒 150 克。

配料：蒜片、葱丝各少许。

做法：

（1）土豆切片，青椒切片，肉切片；锅内放底油，葱、蒜炝锅，下肉翻炒至熟点酱油。

（2）放入土豆片炒至八分熟，下青椒炒熟出勺装盘即成。

特点：色香味俱全，增进食欲。

二、大鹅焖土豆

主料：土豆 300 克，大鹅 500 克。

配料：盐、味精、古月面适量。

做法：

（1）大鹅切块，土豆切滚刀块。

（2）大鹅用高汤焖 9 分熟，下土豆焖熟，加盐、味精、古月面调味出锅即成。

特点：嫩香味浓。

三、地皮土豆片

主料：土豆 300 克，地皮菜（也叫地衣菜、地耳）100 克。

做法：

（1）取土豆削皮切成菱形片，过油炸成金黄色。

（2）锅内下油，放入地皮菜与土豆片煸炒，调好口味即可。

四、地三鲜

主料：马铃薯 300 克，茄子 300 克，青椒 100 克。

配料：葱、姜、蒜少许。

做法：

（1）马铃薯切滚刀块、过油炸熟，茄子去皮切滚刀块、炸熟，青椒切片。

（2）锅内放底油，葱、姜、蒜炝锅，加适量清汤，放入盐、味精、酱油、白糖少许。

（3）炸好的马铃薯、茄子和青椒，加水淀粉勾芡，点花椒油即成。

特点：色泽鲜艳，营养均衡，味美浓香，油而不腻。

五、风味土豆泥

主料：土豆 500 克，猪肉末 50 克。

配料：青葱花适量。

做法：

（1）取土豆削皮上笼屉蒸熟，压成泥。

（2）锅内下油放肉末，煸炒出香味，添入鲜汤，调好后勾芡，浇在土豆泥上，撒上青葱花即可。

六、红菜汤

主料：熟牛肉 250 克，胡萝卜 100 克，马铃薯 500 克，红菜头 200 克，大头菜 200 克，番茄 100 克，洋葱 50 克，蒜、胡椒粒、香叶适量。

配料：奶油、味精、西米旦适量。

做法：

（1）牛肉切片，马铃薯切滚刀块，大头菜切粗条，番茄切橘瓣块，胡萝卜、洋葱切丝，蒜切末。

（2）将红菜头、胡萝卜、洋葱用奶油煸炒，加番茄调汤，加香叶、胡椒粒、白糖、白醋、食盐，焖 15 分钟。

（3）加大头菜、牛肉、西红柿、蒜末，煮熟加味精，浇上西米旦即成。

特点：红色光泽，酸甜清口。

七、浇汁土豆泥

主料：土豆 600 克，火腿 100 克。

配料：葱 30 克，盐、味精、酱油少许，水淀粉适量。

做法：

（1）土豆去皮蒸熟压成泥，加配料拌匀装盘，火腿切成丁。

（2）勺内放底油，葱花炝锅，下火腿丁炒之，加高汤适量，放盐、味精、酱油少许，水淀粉勾芡，浇在土豆泥上即成。

特点：土豆泥洁白，肉汁棕褐色，汁鲜而土豆泥软糯。

八、辣白菜炒土豆片

主料：土豆 200 克，辣白菜 200 克（可根据个人口味调整）。

配料：植物油 50 克。

做法：

（1）土豆切片。

（2）在锅内放入底油，烧热后入土豆片翻炒至 8 分熟，放入辣白菜继续翻炒，待土豆全熟后，出勺装盘即可。

特点：简单易做，辣脆爽口。

九、农家大酱蒸土豆茄子

主料：土豆 400 克，茄子 300 克，农家大酱 50 克。

做法：

土豆去皮切大块蒸熟，茄子蒸熟装盘，拌农家大酱食之，别有风味。

特点：农家气息，清新爽口。

十、炝土豆丝粉丝

主料：土豆 300 克，土豆粉丝 100 克。

配料：葱、姜、蒜、香菜少许。

做法：

（1）土豆切丝、余熟，粉丝余熟，葱、姜、蒜切丝。

（2）放花椒油、辣椒油、香油、盐、味精拌匀装盘。

特点：清凉爽口，口感独特。

十一、青菜土豆沙拉

主料：土豆 100 克，西红柿 25 克，生菜 10 克，菜花 25 克，胡萝卜 25 克，黄瓜 50 克，红菜头 25 克，豌豆 10 克，鸡蛋 2 个。

配料：沙拉酱、三味汁、白糖、盐、味精、西米旦适量。

做法：

（1）土豆、胡萝卜煮熟去皮，切小厚片，菜花、红菜头、豌豆煮熟切小片，鸡蛋煮熟切大片，青菜、西红柿、黄瓜切小片。

（2）加沙拉酱、三味汁、白糖、盐、味精、西米旦拌匀即成。

特点：口感清爽，适合作为餐前开胃菜。

十二、三丝爆豆

主料：马铃薯 350 克，洋葱 100 克，香菜 50 克，油炸花生米 100 克。

配料：盐、味精适量。

做法：

（1）马铃薯去皮、切丝、炸熟，洋葱切丝，香菜切段，与油炸花生米一起放入盘中。

（2）放盐、味精，拌匀即成。

特点：金红酥脆，咸香味美。

十三、素炒土豆丝

主料：土豆 400 克，青红辣椒少许。

配料：色拉油 50 克，醋 5 克，葱、姜各 3 克，盐 1 克。

做法：

（1）土豆削皮、切丝，锅内加水烧开，下土豆丝烧至五分熟将土豆丝捞出。

（2）另一锅置旺火上加入色拉油，放葱、姜炝锅，放入土豆丝、青红辣椒，快速炝炒，调好口味，最后加入少许醋即可。

十四、土豆饼

主料：土豆 400 克，糯米粉 80 克。

配料：鸡蛋 1 个，面包糠少许。

做法：

（1）土豆削皮，上笼屉蒸熟。

（2）压成泥与糯米粉拌匀做成饼，裹蛋液蘸面包糠，烙熟即可。

十五、土豆炖豆角

主料：土豆 300 克，豆角 200 克，猪肉 25 克。

配料：葱花、盐适量，酱油少许。

做法：

（1）土豆洗净、去皮、切滚刀块，豆角择洗干净、切段，猪肉切块。

（2）炒锅置旺火上将油烧热，将猪肉、葱花放入锅内炒出香味，倒入豆角翻炒至变色（变至深绿色）。

（3）倒入土豆继续翻炒，倒入少许酱油，炒出香味，加汤，盖上锅盖焖至土豆和豆角熟烂，待到汤汁收干，放入盐、味精即可。

特点：浓汁浓味，老少皆宜。

十六、土豆炖咖喱鸡块

主料：鸡肉 300 克，土豆 400 克。

配料：咖喱适量。

做法：

（1）鸡肉切块，用咖喱焖 8 分熟。

（2）下土豆块至熟加配料，调味出锅即成。

特点：甘温稍辣，有醒脾开胃、促进食欲作用。

十七、土豆干炖大鹅

主料：鹅 500 克，土豆干适量。

配料：糖、蒜、盐、葱、姜、鸡精、高汤、黄酒、食用油、花椒、大料、酱油适量。

做法：

（1）将蒜切片、土豆干洗净、鹅洗净垛成块。

（2）将洗净切成块的鹅肉用沸水焯一下后捞出待用。

（3）锅烧热后放油，将生姜、花椒、葱放入锅内爆香，然后放入鹅块炒一炒，再放入黄酒、酱油和糖，糖要多放一点，烧开，然后用中火烧大概半小时，中间要注意锅里的水不要烧干。

（4）待鹅肉八成熟时放入土豆干，再炖 10～20 分钟，最后用大火收汁，放盐、鸡精，最后上面撒一点葱。

土豆干制作方法：

选取食味优良的土豆若干洗净，放到锅内加少量水，加热蒸熟（注意不要蒸糊），用手直接剥去皮（趁热进行）。待土豆凉透后，用刀切成均匀薄片，将切好的土豆片放到阳光底下晾晒，待完全干透后放到通风好的地方保存。

十八、土豆酱炖茄子

主料：土豆 500 克，茄子 250 克。

配料：大酱适量，姜片、蒜片、大料、酱油、盐、鸡精少许。

做法：

（1）将土豆洗净去皮，用勺子挖掰成大小适宜的块，用清水漂过备用，茄子洗净后用手掰成块备用，不用刀切炖出的味道要比用刀切开的好吃。

（2）锅油热后入蒜片、姜片、大料煸出香味，加入土豆翻炒，放入大酱（东北特制酱）翻炒，再放入茄子翻炒片刻，放一小勺酱油，放入没过菜高出两指的老汤，大火炖开后转中火慢炖至七成熟加盐，转小火炖至土豆用筷子一戳即入，加入鸡精轻轻翻炒片刻即可出锅。

（注：喜欢吃肉的还可以在油热后放入小肉块（牛、羊或猪肉等），翻炒变色，加姜片、蒜片、大料出香后放入土豆，方法同上。）

特色：味香浓郁。

十九、土豆粒丸子

主料：土豆 200 克，胡萝卜 100 克。

配料：盐 5 克，酱油、绍酒少许，面粉 75 克，葱、姜末 5 克，熟猪油 500 克（约耗 100 克），花椒盐 2 克，味精 2 克。

做法：

（1）将土豆切丝后再切丁，或用搅拌器将土豆搅碎，但不能搅太碎，要成丁状不能成泥状。

（2）加适量面粉、盐、味精、胡椒等，面粉太多炸出的丸子硬，太少不成形、丸子会散，油温适中就可炸出美味可口的土豆丸子。

特点：油而不腻，软嫩爽口。

二十、鲟鳇鱼焖土豆

主料：鲟鳇鱼 400 克，土豆 300 克。

配料：葱、姜、蒜、料酒、酱油、味精、盐适量。

做法：

（1）鲟鳇鱼切块，土豆切滚刀块。

（2）锅内放入底油，葱、姜、蒜炝锅，下鲟鳇鱼翻炒，烹料酒、酱油，加高汤、土豆、盐，焖熟时加味精，出锅即成。

特点：肉质鲜美，营养丰富。

二十一、油焖小土豆

主料：土豆 1000 克，青红辣椒少许。

配料：老汤（卤汁），葱 5 克，盐 1 克。

做法：

（1）取土豆削圆，在高压锅内放老汤，土豆放在锅里压 7 分钟后捞出。

（2）将捞出的土豆在炒锅内过油，炸成金黄色，放入葱和青红辣椒炒熟，调好口味即可。

二十二、炸黄金土豆球

主料：土豆 500 克，汤圆馅 300 克，面包糠 300 克。

配料：植物油 250 克。

做法：

土豆蒸熟、去皮、压成泥，包汤圆馅成丸子大小的球形，蘸面包糠，下油锅炸之即成。

特点：外酥里嫩，香甜可口。

二十三、炸土豆条炒蒜薹

主料：土豆 300 克，蒜薹 250 克。

配料：葱、姜、蒜少许，盐、味精、酱油、淀粉适量。

做法：

（1）土豆切粗条炸至金黄色，蒜薹切寸段余熟。

（2）锅内放入底油，葱、姜、蒜炝锅，放入少许清汤，加盐、味精、酱油适量，放入土豆、蒜薹、水淀粉勾芡点明油出勺。

特点：清脆酥软，清淡可口。

二十四、拌土豆松

主料：土豆 400 克，色拉油 1000 克，香菜段适量。

做法：

（1）土豆削皮切丝，锅内倒入色拉油，烧至五成油温下入土豆丝，炸成金黄色。

（2）加入香菜段，拌匀调好口味即可。

第二节　华北地区

一、玻璃饺子

主料：马铃薯 500 克，粉面 250 克，羊肉 400 克，胡萝卜 300 克，香菜 50 克。

配料：葱、姜末各 20 克，花椒水适量，酱油 15 克，盐 7 克，花生油 30 克，香油 20 克。

做法：

（1）羊肉剁成碎末，加葱、姜末和酱油拌匀；分次加入花椒水，顺同一方向抽搅上劲，静置 20 分钟；胡萝卜洗净，刮皮去蒂，擦成碎丝，加盐 3 克拌匀；香菜择净切成碎末；胡萝卜丝稍挤后和香菜末一同拌入羊肉中，加花生油、盐和香油拌匀成馅。

（2）马铃薯蒸熟、去皮、切压成泥，将粉面加入马铃薯泥中和成面团，揪成小片，擀成饺子皮，包馅儿，捏成饺子，上锅蒸 13 分钟即可。

二、炒马铃薯块垒

主料：马铃薯 500 克，莜面 300 克。

配料：胡麻油 30 克，葱 10 克，蒜 5 克，盐 5 克。

做法：

（1）蒸块垒：将马铃薯放入锅内以 1∶1 的比例加水，用小火焖约半个小时，出锅后待不烫手时将皮剥去，再用擦子擦碎，再加莜面、盐，用手搓成碎块状，然后撒在铺有纱布的笼屉内，厚 5～6 厘米，盖上锅盖蒸约 10 分钟，闻到香味出锅。

（2）炒块垒：有两种不同做法，一种是炒蒸块垒，一种是炒普通块垒。第一种炒蒸块垒：块垒用上述方法蒸熟后，在锅内倒入胡麻油，油熟后将切好的葱花、蒜片放入锅内炝出香味，然后倒入块垒用小火翻炒 3～4 分钟出锅即可。第二种炒普通块垒：擦好的块垒不必上锅蒸，直接用干锅翻炒 10 分钟左右，待闻到莜面香味后出锅，然后倒入少量油，油熟后加入葱、蒜，再倒入炒过的块垒，直到块垒颜色变焦黄即可。

三、地皮菜马铃薯丝

主料：地皮菜 100 克，马铃薯 300 克。

配料：红辣椒 3 个，蒜 5 克，花椒 1 克，盐 5 克，味精 2 克，植物油 30 克。

做法：

（1）地皮菜洗净、沥干水，马铃薯去皮、擦丝、泡在清水里备用，红辣椒切段，蒜切片。

（2）锅烧热放油，花椒入锅炸出微烟，取出花椒弃之，投入地皮菜、蒜片、红辣椒段煸炒。

（3）加水、适量盐，放入马铃薯丝煮沸，投入味精即成。

四、风味土豆球

主料：土豆 500 克，韭菜 200 克，馒头 100 克，粉丝 50 克。

配料：色拉油 250 克。

做法：

（1）选取淀粉饱满的新鲜土豆，将土豆去皮、蒸熟、捣成泥，并揉搓成 20 个等大的团，把馒头切成碎米丁、烘干。

（2）在土豆团上粘满馒头丁，然后放入七成热的油锅中烹炸，颜色呈金黄色即可。

（3）将炸好的土豆球装入用粉丝垫底的盘中即为成品。

特点：色泽鲜艳，营养均衡，味美浓香，油而不腻。

五、干煸土豆条

主料：新鲜土豆 500 克，干辣椒 50 克，猪肉末适量。

配料：盐、味精适量，葱、姜、蒜少许。

做法：

（1）把土豆切成条下油锅炸熟，要炸两次，炸一次土豆会发软。

（2）在锅中放入肉末、干辣椒，下入配料与土豆一起炒制 3 分钟即可。

六、锅仔粉条羊杂

主料：马铃薯淀粉 500 克，熟羊肚 150 克，熟羊肝 100 克，熟羊肺 150 克，熟羊头肉 100 克，熟羊肠 100 克。

配料：明矾 3 克，盐 3 克，味精 5 克，鸡精 5 克，火锅底料 50 克，植物油 50 克，干红椒 5 克，豆豉 20 克，葱、姜各 5 克，羊骨头熬制的高汤 500 克。

做法：

（1）用马铃薯淀粉制作鲜粉条。

（2）粉条、羊肚、羊肝、羊肺、羊头、羊肠分别切成 0.3 厘米厚的片，锅放底油烧至四成热，下入干红椒、葱、姜、豆豉、火锅底料，大火炒出香味后再放入羊肚、羊肝、羊肺、羊头、羊肠煸炒 2 分钟，加入高汤及盐、味精、鸡精调好味，大火烧开后盛入锅仔中。将锅仔带火上桌，上桌时将鲜粉条放于锅中即可。

七、过油肉马铃薯片

主料：猪里脊肉 200 克，马铃薯 300 克，熟猪油 500 克。

配料：水发木耳 15 克，青、红椒各 25 克，蒜瓣 5 克，醋 20 克，花椒水 5 克，葱白 20 克，酱油 15 克，鲜姜 15 克，盐 5 克，料酒 5 克，湿淀粉 80 克，味精 5 克，鸡蛋 1 个。

做法：

（1）首先将里脊肉沿斜横纹切成二分①宽、二寸②长的薄片，放入碗中加花椒水、酱油、盐、鸡蛋、粉面拌匀腌渍 1 小时，然后下油锅炸至金黄色时将油盛出。

（2）马铃薯洗净、去皮、切成与肉片同样大小的片，用少量的油炒马铃薯片至金黄色。

---

①　1 分 ≈ 0.003 m;

②　1 寸 ≈ 0.033 m。

（3）青、红椒切片，木耳大片的切小，葱切青豆大的片，姜去皮、切末，蒜瓣去蒂、切薄片。

（4）炒锅内加入猪油，放入葱片、姜末、蒜片煸出香味，加入过好油的肉片，先用醋烹一下，放入马铃薯片，加入木耳和青、红椒片，再倒入料酒、味精、酱油、湿淀粉调好的芡汁，颠翻炒匀即可出锅。

八、过油肉马铃薯片炒刀削面

主料：猪里脊肉 200 克，马铃薯 300 克，熟猪油 500 克，面粉 200 克。

配料：青、红椒各 25 克，蒜瓣 5 克，醋 20 克，花椒水 5 克，葱白 20 克，酱油 15 克，鲜姜 15 克，盐 5 克，料酒 5 克，淀粉 50 克，味精 5 克，鸡蛋 1 个。

做法：

（1）把面粉倒在盆内，加水和成较硬的面团，充分揉匀、揉光后，盖上湿布饧面 30 分钟。把饧好的面揉成粗长条，站在沸水锅前，左手托住面团，右手持瓦片刀，削成长约 30 厘米的三棱状面条直接入锅，随削随煮，水沸后点一次凉水，再沸捞出，过凉水漂一下，即成白坯刀削面。

（2）将里脊肉斜横纹切成二分宽、二寸长的薄片，放碗中加花椒水、酱油、盐、鸡蛋、淀粉拌匀腌渍 1 小时，然后下油锅炸至金黄色时将油澄出。

（3）马铃薯洗净、去皮、切成与肉等大的片，用少量的油炒马铃薯片至金黄色；青、红椒切片，葱切青豆大的片，姜去皮、切末，蒜瓣去蒂、切薄片。

（4）炒锅置旺火上加入猪油，放入葱片、姜末、蒜片煸出香味，加入过好油的肉片，先用醋烹一下，放入马铃薯片，加入切好的青、红椒片和白坯刀削面，再倒入料酒、味精、酱油，颠翻炒匀即可出锅。

九、过油肉马铃薯鱼

主料：马铃薯 500 克，面粉 125 克，粉面 125 克，猪里脊肉 200 克，熟猪油 500 克。

配料：小油菜 50 克，青、红椒各 25 克，蒜瓣 5 克，醋 20 克，花椒水 5 克，葱白 20 克，酱油 15 克，鲜姜 15 克，盐 5 克，料酒 5 克，淀粉 50 克，味精 5 克，鸡蛋 1 个。

做法：

（1）马铃薯蒸熟，去皮后切压成泥，将面粉及粉面加入马铃薯泥中和成面团，揪小块面搓成鱼子，上笼蒸 10 分钟。

（2）将里脊肉沿斜横纹切成二分宽、二寸长的薄片，放碗中加花椒水、酱油、盐、鸡蛋、淀粉拌匀腌渍 1 小时，然后下油锅炸至金黄色时将油澄出。

（3）青、红椒切片，葱切段，姜去皮、切末，蒜瓣去蒂、切薄片；炒锅内加入猪油，放入葱段、姜末、蒜片、小油菜煸出香味，加入过好油的肉片，先用醋烹一下，加入切好的青、红椒片、马铃薯鱼，再倒入料酒、味精、酱油，颠翻炒匀即可出锅。

十、红烧薯块

主料：马铃薯 500 克。

配料：料酒、盐、味精、糖少许。

做法：

马铃薯切成块状，下入七成热的油锅中炸至熟透，回锅加配料烧制而成。

特点：色润红，质软烂，味咸香回甜。

十一、浑源凉粉

主料：马铃薯淀粉 500 克，水 1500 克。

配料：明矾 3 克，豆腐干 50 克，黄瓜 50 克，莲花豆（油炸蚕豆）50 克，香菜 10 克，胡麻油 20 克，葱 10 克，香油 5 克，盐 5 克，醋 10 克，味精 3 克，油泼辣椒油 20 克。

做法：

（1）先把淀粉放入盆里，加入适量的水搅拌好。

（2）锅置旺火上，加水烧开；把淀粉倒入锅里，边倒边搅，搅成糊状。

（3）把明矾用水溶开，倒入锅里继续搅拌，变色即熟。

（4）从锅中倒出，晾凉，切成条块，放入盆内。

（5）制作配料：锅里倒油，油热后倒入葱花炝熟出锅，倒入盆中。

（6）放入盐、味精、香油、醋、油泼辣椒油、豆腐干片、黄瓜丝、香菜、莲花豆即可。

十二、鸡蛋葫芦丝马铃薯饼

主料：马铃薯 400 克，面粉 150 克，马铃薯淀粉 100 克，西葫芦 100 克。

配料：胡麻油 50 克，盐 3 克，葱花 10 克。

做法：

（1）西葫芦擦成细丝，把鸡蛋和蛋清放在一个大碗里打散后加盐，倒入西葫芦丝和葱花，搅拌均匀。

（2）马铃薯洗净、煮熟、剥皮，用擦子将马铃薯擦成泥状，放入和面盆中，加入面粉、淀粉、葫芦丝蛋糊揉成面团，擀成圆饼。

（3）煎盘烧热后加入胡麻油，将马铃薯饼煎至两面焦黄即成。

十三、家常拌粉

主料：马铃薯淀粉 500 克，黄瓜 50 克，绿豆芽 50 克，豆腐皮 50 克，菠菜 30 克，心里美萝卜 50 克，胡萝卜 50 克。

配料：明矾 3 克，花椒 3 克，植物油 30 克，香油 5 克，盐 5 克，醋 10 克，味精 3 克，葱 5 克，蒜 5 克，鲜姜 5 克。

做法：

（1）鲜粉条的制作

①配料打芡：用 150 克淀粉、250 克热水将淀粉调成稀糊状，然后再用沸水

向调好的淀粉稀糊中猛冲，迅速搅拌，约 10 分钟后，粉糊即呈透明状，成为粉芡；将明矾研成面放入和面盆中，再把打好的芡倒入搅拌均匀，把剩余的 350 克淀粉和粉芡混合，搅揉成没有颗粒、不沾手而又能拉丝的软粉团。

②沸水漏条：先在锅内加水至九成满，煮沸，再把和好的面装入孔径 10 毫米的饸饹床中，把面压漏入沸水锅里，边压边往外捞，锅内水量始终保持在第一次出条时的水位，锅水控制在微开程度，将漏入沸水锅里的粉条轻轻捞出放入冷水盆内，直至凉透捞出置于盘中（饸饹床：一种压面工具，中间有圆洞，下方有孔，上面有比圆洞直径略小的木柱圆形头伸入洞中挤压，迫使面从下方均匀的孔内下到锅里，整个饸饹床采用杠杆原理）。

（2）拌粉方法

把绿豆芽、菠菜在开水锅焯熟，捞出沥水晾凉后入盘；黄瓜、心里美萝卜、胡萝卜、豆腐皮洗净、切丝、装盘，大火加热炒锅中的油，放花椒炸出微烟，取出花椒弃之，随即放入葱花、蒜片、姜末略炒，浇入盘中，调入香油、盐、醋、味精拌匀即可。

十四、酱油马铃薯条

主料：马铃薯 300 克。

配料：芹菜叶 20 克，小红辣椒 5 克，酱油 20 克，盐 5 克，鸡精 3 克，花椒 3 克，葱 5 克，蒜 5 克，鲜姜 5 克，植物油 20 克。

做法：

（1）马铃薯洗净、去皮、切条，大火加热炒锅中的油，放花椒炸出微烟，取出花椒弃之，随即放入小红辣椒、葱花、蒜片、姜末略炒。

（2）放入马铃薯条、酱油，加适量水翻炒至熟，加入芹菜叶略炒，调入鸡精、盐即可盛出。

十五、椒油土豆丝

主料：土豆 500 克。

配料：盐、味精、花椒油、白醋少许。

做法：

将土豆切成细丝，油、盐飞水后过凉，加调料拌匀即可。

特点：色洁白，口感脆爽，椒香浓郁。

十六、金沙风光

主料：土豆1000克，胡萝卜500克，菌菇100克。

配料：色拉油20克，盐9克，味精3克，鸡精5克，胡椒粉1克。

做法：

（1）将土豆、胡萝卜洗净、去皮，煮熟或蒸熟后捣成泥状混合拌匀。

（2）菌菇剁成蓉状。

（3）把菌菇蓉放到做好的土豆、萝卜泥中，再加入盐、味精、鸡精、胡椒粉，然后搅拌均匀。

（4）锅中放入色拉油，烧至油七成热后，加刚才拌好的半成品入锅，中火炒1分钟到散碎、颜色发黄时，加葱花即可出锅。

十七、精丸丸

主料：莜面250克，淀粉250克，土豆400克，猪肉馅100克。

配料：葱、盐、味精、酱油、姜粉、花椒粉、大料粉、植物油适量。

做法：

（1）将猪肉馅放入盆内，加葱、盐、味精、酱油、姜粉、花椒粉、大料粉、植物油拌匀。

（2）将土豆去皮、洗净、切成小丁，和肉馅搅拌起来，加入淀粉拌匀，做成圆丸状，上笼蒸15分钟即可。

十八、酒醉马铃薯

主料：新鲜马铃薯 500 克。

配料：啤酒 150 克，澄面 50 克，白糖 50 克，面包糠适量。

做法：

（1）将马铃薯去皮、蒸熟、捣成泥、和入澄面，并加入白糖和啤酒再拌成团。

（2）将马铃薯团用手捻成小葫芦状，蘸上面包糠，放入油锅中炸制而成。

十九、倦鸟归巢

主料：马铃薯泥 500 克。

配料：马铃薯丝 250 克，芝麻仁、盐、味精、鸡精适量，料酒、葱、姜蓉少许。

做法：

将马铃薯泥调味后，拍粉、拖蛋、滚芝麻，入六成热的油锅中炸制定型，制成小鸟的雏形待用，马铃薯丝拍粉后炸成雀巢，放在拼好的树杈上，再放上小鸟即可。

特点："小鸟"软糯，雀巢香酥，造型美观。

二十、烤马铃薯

主料：马铃薯 3 个。

配料：咸菜 100 克，酱菜 100 克，泡菜 50 克。

做法：

（1）将马铃薯洗干净、不去皮、擦干其表面的水分。

（2）把马铃薯放在烤盘上，在 220℃的烤炉内里烤 90 分钟左右。

（3）马铃薯皮呈棕色、酥脆即可。吃的时候可以搭配咸菜、酱菜、泡菜食用。

二十一、烙马铃薯片

主料：马铃薯 300 克，胡麻油 20 克。

配料：咸菜 100 克，酱菜 100 克，泡菜 50 克，胡麻油少许。

做法：

（1）马铃薯洗净、去皮、切片，放入清水中洗净淀粉后，捞出擦干其表面的水分。

（2）平底锅烧热，倒入薄薄的一层油，依次码入马铃薯片，等马铃薯片烙黄，倒入少量水，迅速盖上锅盖，转中火焖 2 分钟，煮至水分收干。

（3）淋入胡麻油，加盖，再烙另一面到金黄香脆便可。配咸菜、酱菜、泡菜食用。

二十二、烙马铃薯烊子

主料：马铃薯 400 克，莜面 250 克。

配料：胡麻油 50 克，盐 3 克，花椒面 3 克，葱 10 克，味精 1 克。

做法：

（1）马铃薯洗净、煮熟、剥皮，用擦子擦成泥状。

（2）放入和面盆中，加入莜面、盐、花椒面、葱花、味精揉成面团，擀成圆饼。

（3）煎盘烧热后加入胡麻油，将马铃薯饼煎至两面焦黄即成。

二十三、凉拌马铃薯丝

主料：马铃薯 300 克，黄瓜 50 克，绿豆芽 50 克，黄豆芽 50 克，韭菜 30 克。

配料：花椒 3 克，植物油 20 克，香油 5 克，盐 5 克，醋 10 克，味精 3 克。

做法：

（1）马铃薯洗净、去皮、切丝，放入清水中洗净淀粉，马铃薯丝、黄豆芽、绿豆芽在开水锅中焯熟，捞出沥水、晾凉。

（2）黄瓜洗净、切片，韭菜洗净、切段，将马铃薯丝、黄豆芽、绿豆芽、黄瓜片装盘。

（3）大火加热炒锅中的油，放花椒炸出微烟，取出花椒弃之，随即放入韭菜略炒，倒入盘中，调入香油、盐、醋、味精拌匀即可。

二十四、琉璃薯条

主料：马铃薯 500 克。

配料：白糖 50 克，淀粉适量，油少许。

做法：

将土豆切成条，裹上淀粉后炸至成熟，将油、水、糖放入锅内炒糖。炒至出丝时，投入薯条，翻炒均匀，稍晾即可。

特点：色金黄明亮，香甜酥脆。

二十五、马铃薯白菜豆腐

主料：马铃薯 300 克，小白菜 100 克，豆腐 300 克，西红柿 150 克，高汤 200 克。

配料：味精 5 克，香油 5 克，盐 5 克。

做法：

马铃薯洗净、去皮、切条，小白菜洗净、切段，豆腐切条，西红柿切丁，同时放入高汤锅中，微火煮 10 分钟后，调入味精、香油、盐出锅入盆即可。

二十六、马铃薯白菜烩粉块

主料：马铃薯 300 克，小白菜 150 克，马铃薯淀粉 500 克，明矾 3 克，水 1500 克。

配料：小红辣椒 5 克，料酒 10 克，盐 5 克，味精 3 克，酱油 10 克，花椒 3 克，大葱 10 克，姜 5 克，大蒜 5 克，猪油（炼制）50 克。

做法：

（1）用马铃薯淀粉制作凉粉。

（2）马铃薯洗净、去皮、切条，放入清水中洗净淀粉，在开水锅中焯熟；小白菜洗净、切段。

（3）锅内加油烧热，放花椒炸出微烟，取出花椒弃之，随即放入小红辣椒、葱花、姜末、蒜片炝锅，烹入料酒、酱油，放入小白菜条、马铃薯条翻炒，加入适量水烧开，放入粉块煮 3 分钟，调入盐、味精，出锅装盘。

二十七、马铃薯饼

主料：马铃薯 400 克，面粉 150 克。

配料：马铃薯淀粉 100 克，胡麻油 50 克，盐 3 克。

做法：

（1）马铃薯洗净、煮熟、剥皮，用擦子将马铃薯擦成泥状。

（2）放入和面盆中，加入面粉、淀粉、盐揉成面团，擀成圆饼。

（3）煎盘烧热后加入胡麻油，将马铃薯饼煎至两面焦黄即成。

二十八、马铃薯大烩菜

主料：马铃薯 200 克，白菜 150 克，海带 150 克，水发木耳 50 克，鲜马铃薯粉条 100 克，豆腐 100 克，黄花菜 50 克，植物油 200 克。

配料：葱 10 克，姜 5 克，蒜 5 克，盐 5 克，鸡精 3 克，豆豉酱，炖猪肉汤。

做法：

（1）马铃薯洗净、去皮、切块，放入清水中洗净淀粉捞出沥水。

（2）豆腐切块，锅内加油烧热，豆腐入锅炸至金黄，捞出沥油；黄花菜、海带用温水泡好切段、切块，白菜切小即可。

（3）炒锅置旺火上加适量油，煸炒马铃薯块，倒入炖猪肉汤，依次放入粉条、海带、豆腐、黄花、白菜、木耳，加入适量水，把葱、姜、蒜放入锅中，调入豆豉酱、盐，开锅煮 5 分钟，放入鸡精出锅即可。

二十九、马铃薯豆腐炖家鸡

主料：马铃薯 400 克，豆腐 400 克，鸡肉 200 克，植物油 30 克。

配料：葱 20 克，姜 15 克，蒜 10 克，花椒 3 克，八角 5 克，盐 10 克，味精 5 克，料酒 5 克。

做法：

（1）马铃薯去皮、切成块，豆腐切成块。

（2）姜、蒜切片，葱切段，锅内放入水，烧开后将鸡肉烫一下，洗净浮沫。

（3）锅内加底油烧热，用葱、姜、蒜炝锅，放入鸡肉煸炒。

（4）加入汤汁、花椒、八角、料酒、盐、味精，放入马铃薯、豆腐，用中火炖熟即可。

三十、马铃薯炖牛腩

主料：牛腩 300 克，马铃薯 300 克，青、红椒各 25 克。

配料：葱 10 克，姜 10 克，蒜 10 克，花椒 3 克，酱油 5 克，白糖 5 克，八角 5 克，陈皮 5 克，盐 10 克，味精 2 克，料酒 5 克。

做法：

（1）牛腩切小方块，入滚水中氽烫，去除血水、泡沫，洗净后沥干水分；马铃薯去皮、切块；锅内加底油烧热，爆香葱、姜、蒜，放入酱油、糖、牛腩炒匀。

（2）加水，把用纱布包好的花椒、八角、陈皮袋投入锅中，小火焖煮 1 小时后放入马铃薯，调入盐、味精续煮 20 分钟，烧至汤汁快干、肉烂，放入青、红椒稍炖即可。

三十一、马铃薯炖倭瓜

主料：马铃薯 300 克，倭瓜 300 克，水发木耳 50 克。

配料：葱 10 克，姜 5 克，蒜 5 克，花椒 3 克，盐 5 克，味精 2 克。

做法：

（1）马铃薯洗净、去皮、切块，倭瓜洗净、切块，葱切花，姜、蒜切末。

（2）锅内加油烧热，放花椒炸出微烟，取出花椒弃之，放入葱、姜、蒜煸出香味，放入马铃薯块、倭瓜块，加水，用大火烧开后改用小火炖煮，调入盐、味精至马铃薯及倭瓜炖熟、汤汁收干，出锅装盘，撒葱花即成。

三十二、马铃薯烩莜面鱼

主料：马铃薯 300 克，带皮五花肉 150 克，莜面 300 克。

配料：猪油（炼制）30 克，香椿叶 10 克，葱 10 克，姜 5 克，蒜 5 克，花椒 3 克，盐 5 克，味精 2 克，酱油 5 克，醋 5 克，料酒 5 克。

做法：

（1）用温水和莜面，用特制花刀把莜面切削成鱼纹状棱形，上笼蒸 10 分钟待用；马铃薯洗净、去皮、切条，将带皮五花肉洗净、切成薄片。

（2）葱切花，姜切末，蒜切片；锅内加油烧热，放花椒炸出微烟，取出花椒弃之，放入五花肉翻炒，入葱、姜、蒜煸出香味，再加酱油、醋、料酒翻炒片刻，放入马铃薯块、香椿叶，加水，用大火烧开后改用小火炖熟，放入莜面鱼，调入盐、味精翻炒均匀，出锅装盘后点缀葱花即成。

三十三、马铃薯条炒胡萝卜丝

主料：马铃薯 300 克，胡萝卜 100 克。

配料：盐 5 克，鸡精 3 克，花椒 3 克，葱 5 克，蒜 5 克，鲜姜 5 克，植物油 20 克。

做法：

（1）马铃薯洗净、去皮、切条，胡萝卜洗净、擦丝。

（2）大火加热炒锅中的油，放花椒炸出微烟，取出花椒弃之，随即放入葱花、蒜片、姜末略炒，放入马铃薯条、胡萝卜丝，加适量水翻炒至熟，调入鸡精、盐，盛出。

三十四、马铃薯莜面囤囤

主料：马铃薯 500 克，莜面 300 克。

配料：盐 3 克，葱花 10 克，蒜末 10 克，咸菜丝 50 克，绿豆芽 10 克，菠菜 20 克，胡萝卜 10 克，酱油 5 克，醋 5 克，味精 1 克，香油 10 克。

做法：

（1）胡萝卜洗净、切丝，菠菜切段和绿豆芽入沸水锅中焯熟捞出，盐、葱花、蒜末、咸菜丝、胡萝卜丝、酱油、醋、味精、香油加适量凉开水调成卤汁。

（2）莜面入面盆用温水和面；把和好的面在案板上用擀面杖擀开，至半厘米厚，撒上马铃薯丝，卷起来，切成一个个的囤儿状，上屉蒸熟，和卤汁调起来吃。

三十五、农家田园三色

主料：马铃薯 300 克，玉米棒 200 克，豆角 100 克，五花肉 150 克。

配料：猪油（炼制）30 克，葱 5 克，姜 5 克，蒜 5 克，花椒 3 克，盐 5 克，味精 2 克，酱油 5 克，醋 5 克，料酒 5 克，湿淀粉 10 克。

做法：

（1）马铃薯洗净、去皮、切块，豆角择去两边的筋、洗净，入开水锅大火焯 1 分钟。

（2）将五花肉洗净、切片，玉米棒煮熟后一切四半，切 4 厘米长的段，葱切花，姜切末，蒜切片。

（3）锅内加油烧热，放花椒炸出微烟，取出花椒弃之，放入五花肉翻炒，入葱、姜、蒜煸出香味，再加酱油、醋、料酒翻炒片刻，放入马铃薯块、豆角、玉米棒，加水，用大火烧开后改用小火炖煮，调入盐、味精至马铃薯炖熟、湿淀粉勾芡，出锅装盘。

三十六、炝锅马铃薯稀饭

主料：马铃薯 300 克，小米 150 克。

配料：香菜 20 克，葱 10 克，盐 3 克，植物油 20 克。

做法：

（1）马铃薯洗净、去皮、切块。

（2）将小米洗干净，再倒入水，米和水的比例大概是 1∶6，先大火烧开，放入马铃薯块，再转小火熬 20 分钟至黏稠就可出锅装盆。

（3）加热炒锅中的油，放入香菜、葱花炝锅，倒入盆中，调入盐即成。

三十七、砂锅马铃薯手擀面

主料：马铃薯 300 克，手擀面条 150 克，油菜 100 克，水发木耳 50 克。

配料：盐 5 克，酱油 10 克，鸡精 3 克，葱 10 克，蒜 5 克，鲜姜 5 克，鸡汤 500 克，香油 5 克。

做法：

（1）油菜洗净、切段，马铃薯洗净、去皮、切块，在开水锅中焯熟。

（2）砂锅内倒入鸡汤，放入马铃薯、油菜、水发木耳，调入盐、酱油、蒜、鲜姜，置旺火上煮开 5 分钟后，放入手擀面条，煮熟后加入葱花、鸡精、香油即可食用。

第三节　西北地区

一、百花土豆盒

主料：土豆 500 克，南瓜 1000 克，牛肉 250 克，胡萝卜 500 克，冬菇 250 克。

配料：盐 5 克。

做法：

将土豆切片、蒸熟、制成土豆泥，南瓜制盒，牛肉、胡萝卜、冬菇加盐炒熟垫入盒底，抹入土豆泥，上面摆出花形即可。

特点：软香美观。

二、草莓薯泥酥

主料：马铃薯 1000 克，草莓酱 300 克。

配料：植物油 500 克，面包粉 50 克。

做法：

（1）马铃薯连皮洗净，放入锅中蒸 30 分钟，去皮、捣成泥状和面包粉拌匀，制成小团，每团内包入草莓酱少许备用。

（2）锅中倒入植物油烧热，放入包好的薯泥团炸黄后捞起。

三、醋熘洋芋丝

主料：马铃薯 500 克。

配料：植物油 20 克，青椒 1 个，朝天椒 3 个，姜 2 片，花椒 10 粒，葱 1 根，盐 5 克，醋 10 克，鸡精 2 克。

做法：

（1）马铃薯去皮、洗净、切成细丝备用。

（2）锅中倒入植物油烧热，放入花椒和姜一起炒香后捞出，加入马铃薯丝、青椒、朝天椒、盐、醋、鸡精、葱丝拌炒至入味即可盛起。

四、大盘鸡

主料：马铃薯 500 克，鸡肉 500 克。

配料：花生油 50 克，花椒粒 3 克，姜末 3 克，葱花 3 克，蒜末 3 克，青椒 10 克，酱油 2 克，白糖 2 克，盐 3 克，料酒 3 克，味精 2 克。

做法：

（1）把花椒、葱花炸出香味，倒入鸡肉块和配料，翻炒 5 分钟加水后焖 30 分钟。

（2）倒入马铃薯块，用小火煮到马铃薯熟为止。

（3）倒入青椒，略微翻炒后即可食用。

五、东乡土豆片

主料：土豆 600 克。

配料：青椒 10 克，红椒 10 克，蒜苗 5 克，盐 5 克，味精 3 克，鸡精 2 克，十三香 15 克，番茄酱 3 克，红油 4 克，水粉 8 克，蒜片 2 克，姜 1 克，葱末 1 克，香油 1 克，鸡汤少许，明油少许。

做法：

（1）将土豆去皮，修饰成长 5 厘米的长方体，再将长方体修饰成长 4～5 厘米的圆柱，然后切成 3 厘米厚的圆片。

（2）用鸡汤将土豆片煨烂，在油锅中炸至金黄色。

（3）锅置火上，加入少许色拉油，加入葱末和蒜片炝锅，然后加入番茄酱、盐、味精、鸡精、红油、十三香，再加入少许鸡汤，用水淀粉勾成米汤芡，加入炸好的土豆片，淋入少许明油即可出锅。

特点：色泽红亮，口感酥烂，营养丰富。

六、炖南瓜土豆

主料：土豆 400 克，杏仁 50 克，南瓜 400 克。

配料：清油少许，盐少许。

做法：

土豆、南瓜切块清炒一会儿加盐少许，加杏仁慢火炖 30 分钟即可食用。

七、丰收葡萄

主料：马铃薯 500 克。

配料：白糖 4 克。

做法：

将马铃薯蒸熟制泥，加入白糖，用手挤成葡萄大的丸子，下入四成热的油锅中炸至成熟，摆成葡萄形状即成。

特点：香甜味。

八、黑塄塄

主料：马铃薯 500 克，马铃薯淀粉 50 克。

配料：胡麻油 50 克，葱花 10 克，花椒粉 3 克，姜末 5 克，盐 3 克，番茄酱 10 克。

做法：

（1）将马铃薯去皮、洗净、沥干，磨成糊后用纱布将多余水分挤出，将淀粉加入马铃薯糊中，用手捏成球状，放入锅中蒸 15 分钟。

（2）将蒸好的黑塄塄盛入盘中，胡麻油放入锅中烧热，放入葱花、花椒粉、姜末、盐、番茄酱，再加少许水和淀粉调成的浓汁，均匀倒在装有黑塄塄的盘中。

九、黑美人洋芋片

主料：黑美人马铃薯 500 克。

配料：植物油 30 克，青椒 1 个，红辣椒 1 个，姜 2 片，花椒 10 粒，葱 1 根，蒜 2 瓣，盐 5 克，鸡精 2 克。

做法：

（1）马铃薯去皮、洗净、切成薄片备用。

（2）锅中倒入植物油烧热，放入花椒和姜一起炒香后捞出，加入马铃薯片、青椒、红辣椒片炒熟后，再加蒜片、盐、鸡精、葱段拌炒入味即可盛起。

十、划菜

主料：马铃薯 500 克，小白菜 200 克。

配料：花生油 50 克，葱花 3 克，盐 1 克，味精 1 克，姜末 3 克，芝麻 5 克，红辣椒 2 克。

做法：

（1）马铃薯洗净入锅，加水 200 毫升，中火将水烧开，停火焖 10 分钟，去皮、冷却、捣碎备用。

（2）小白菜放到开水里焯一下，切成末。

（3）起锅放少许油，烧热后加葱花、红辣椒，炒出香味后，放入马铃薯泥和小白菜末，加配料后即可食用。

十一、黄瓜粉皮

主料：马铃薯粉皮 250 克，黄瓜 250 克。

配料：香菜 2 克，醋 2 克，香油 1 克，辣椒油 1 克，盐 1 克，姜粉 1 克，芥末油 1 克，味精 1 克。

做法：

（1）将马铃薯粉皮在热水中焖 5 分钟，黄瓜切成片，装盘备用。

（2）加香菜、醋、香油、辣椒油、盐、姜粉、芥末油、味精拌匀后食用。

十二、洋芋筋筋

主料：马铃薯 400 克，面粉 100 克。

配料：盐 1 小匙，姜粉 1/2 小匙，蒜泥、红辣椒面少量，葱花（蒜苗花）50 克，韭菜 50 克，猪肉丁 100 克，植物油 30 克，酱油、醋、香油少许。

做法：

（1）将马铃薯洗净后去皮，用擦子将马铃薯擦成糊状于盆中。

（2）倒入面粉，加盐及姜粉，倒入适量水将面粉与马铃薯糊拌至黏稠糊状，摊于笼层上，厚度为 1 厘米左右，蒸 20 分钟后出笼切成条状装盘。

（3）将蒜泥与红辣椒面加少量盐用油泼过后加酱油及醋、香油等调汁蘸食，或倒入洋芋筋筋中加菜等拌食。

十三、金丝望莲

主料：马铃薯 500 克，面粉 250 克。

配料：植物油 15 克，盐 10 克，姜粉 3 克，花椒粉 2 克。

做法：

（1）马铃薯去皮、洗净，擦成细条后，倒入面粉、盐、姜粉和花椒粉拌匀。

（2）放入锅中蒸 15 分钟，锅中倒入植物油烧热，放入蒸好的马铃薯丝，拌炒后即可盛起。

十四、金玉满堂

主料：豆腐 150 克，马铃薯 1520 克，青椒 125 克。

配料：葱花 10 克，胡椒面 1 克，盐 6 克，味精 1 克，鲜汤 250 克，芝麻油 10 克。

做法：

（1）豆腐切成 2.5 厘米 ×2.0 厘米 ×0.7 厘米的片，放入沸水中烫一下捞起，同时加盐 1 克，然后将豆腐放在油中炸黄，马铃薯、青椒切成小块。

（2）炒锅置中火上，油烧至八成热，放入豆腐片、土豆、青椒、鲜汤、盐、胡椒面、味精，烧沸后用湿淀粉勾芡，加葱花，淋入芝麻油，拌匀起锅即可。

十五、烤土豆

主料：土豆 400 克。

做法：

土豆去皮，切成圆形土豆节放入烤箱内，烤 20 分钟即可。

十六、马铃薯煎饼

主料：马铃薯淀粉 500 克，荞麦精粉 100 克，猪肉丝 100 克，豆芽 200 克。

配料：花生油 50 克，干辣椒 3 克，盐 1 克，花椒粉 3 克，姜粉 3 克，味精 1 克，葱花 3 克。

做法：

（1）马铃薯淀粉和荞麦精粉用冷水和成稀糊状。

（2）等平底锅烧热后，抹上花生油，将一小勺面糊（约 25 克）倒在锅中，提起锅左右旋转，使面糊均匀地布满锅底，1分钟后即可出锅。

（3）将肉丝、绿豆芽加配料炒熟，卷入煎饼内食用。

十七、马铃薯凉粉

主料：马铃薯淀粉 500 克。

配料：韭菜 10 克，香菜 10 克，盐 3 克，醋 3 克，香油 1 克，芥末油 0.5 克，辣椒油 0.5 克，味精 0.5 克。

做法：

（1）马铃薯淀粉用 1000 毫升清水稀释后，缓慢倒入沸水锅内，边倒边搅拌，使淀粉充分受热膨胀，糊化成淀粉糊，煮沸后改用小火继续搅拌，待淀粉糊熟透变稠时关火。

（2）将冷凝的凉粉切成薄片。

（3）食用时，辅以韭菜、香菜、醋、香油、芥末油、辣椒油、味精等。

十八、焖土豆

主料：土豆 500 克。

配料：花生油 50 克，葱花 3 克，红辣椒 2 克，酱油 2 克，姜末 2 克，花椒粉 2 克，盐 1 克，味精 1 克。

做法：

（1）土豆 500 克切块备用。

（2）炒锅置旺火上，放少许油，烧热后加葱花、红辣椒，炒出香味后放入土豆块，加酱油炒至上色后加适量水，放入姜末、花椒粉、盐焖 15 分钟，加味精装盘。

十九、牛肉炒粉

主料：马铃薯粉条 500 克，牛肉 100 克。

配料：花生油 50 克，酱油 2 克，葱花 3 克，蒜末 3 克，姜末 3 克，花椒粉 2 克，茴香粉 2 克，盐 1 克，味精 1 克。

做法：

（1）牛肉 100 克切成条，马铃薯粉条 500 克用开水焖好。

（2）锅内放油，牛肉条煸炒水分干后，放入酱油、葱花、蒜末、姜末、花椒粉、茴香粉和盐，待肉九分熟时加入粉条炒 3 分钟。

二十、烧三圆

主料：马铃薯、青笋、胡萝卜、小油菜适量。

配料：盐 3 克，油、高汤适量。

做法：

将马铃薯、青笋、胡萝卜分别用磨具捣成圆子，分别加盐 1 克入味蒸八成熟，然后锅下油倒入三圆加高汤烧至熟。

二十一、土豆饼

主料：土豆 500 克，莜面 100 克。

配料：芝麻 300 克，胡麻油 50 克，盐 3 克。

做法：

（1）土豆洗净入锅，加水 100 毫升，中火将水烧开，停火焖 10 分钟。

（2）土豆去皮、冷却、捣碎，加入莜面用手搓成饼状。

（3）将芝麻、盐和食用油均匀地抹在饼的表面，将平底锅加油烧热，放入饼烙成金黄色即可食用。

二十二、土豆炒肉片

主料：五花肉片 1300 克，土豆片 400 克，青、红辣椒少许。

配料：清油 50 克，葱、姜、蒜各 5 克，盐、味精、鸡精、酱油少许。

做法：

（1）将土豆切成薄片，用清水清洗，并用清水浸泡 10 分钟左右后捞出。

（2）温锅，倒油，油热后把肉放入锅中，炒至肉变色五分熟时，倒入一些酱油再炒两下，放入葱、姜、蒜再炒两下。

（3）放入土豆片，加盐，快熟时放入鸡精，翻炒出锅。

二十三、土豆地软包子

主料：熟土豆丁 150 克，地软 300 克，面粉 500 克，酵母 5 克。

配料：葱花 20 克，辣子丁 30 克，粉条 30 克，葱油 20 克，盐、味精少许，泡打粉 5 克，起酥油 3 克。

做法：

（1）将土豆去皮、洗净、切成小丁，地软切碎，加入葱花、盐、味精、葱油、辣子丁拌匀，待用。

（2）将面粉发酵，加入泡打粉、起酥油，和好揉匀后放在面板上，将面团擀成直径为 5 厘米左右的面皮，包上馅，放蒸笼里蒸 20 分钟即可。

二十四、土豆豆沙饼

主料：土豆、红豆馅适量。

配料：汤圆粉适量。

做法：

土豆去皮、蒸熟，揉成土豆泥，加入汤圆粉做皮，包入红豆馅，擀成小饼，在电饼铛煎 5 分钟即可。

二十五、土豆炖排骨

主料：土豆 500 克，猪排骨 200 克。

配料：花生油 50 克，酱油 2 克，香菜 3 克，葱花 3 克，蒜末 3 克，姜末 3 克，花椒粉 3 克，茴香粉 2 克，盐 2 克，味精 1 克。

做法：

（1）起锅，放 250 克猪排骨，煸炒至水分干后，放入酱油、葱花、蒜末、姜末、花椒粉、茴香粉和盐，加适量水倒入高压锅内焖至七成熟。

（2）土豆去皮、洗净、切成块状，放入高压锅中焖熟后倒出，加味精、香菜、葱花收汁后即可食用。

二十六、土豆干果糕

主料：土豆 200 克，甜杏仁、葡萄干、核桃仁适量，鸡蛋 2 枚。

配料：盐、糖、味精、油、生菜、番茄适量。

做法：

（1）取三个大土豆，带皮放在水里煮 40 分钟左右，用竹扦戳戳看，如果能戳透，就取出放在毛巾上，趁热剥去皮。

（2）趁热将土豆捣碎，土豆冷却后就会起粘，难以捣碎。将甜杏仁、核桃仁拍碎至块不明显。

（3）碎干果放在容器内，与土豆泥拌匀。

二十七、土豆糕

主料：土豆 100 克。

配料：芝士粉适量，盐 3 克，十三香 1 克，淀粉 5 克，植物油 500 克。

做法：

土豆切成丝、洗净，拌入芝士粉、盐、十三香、淀粉、油，上锅倒油煎成饼即成，带汁食用。

二十八、土豆鸡蛋羹

主料：鸡蛋 3 个（约 200 毫升），土豆 1 个或 2 个，葡萄干 20 克，枸杞干 20 克，胡萝卜少许。

配料：香菜叶适量，酱油、盐、鸡精、香油少许。

做法：

（1）把土豆切成小丁，胡萝卜切条或者小的方块，和葡萄干、枸杞干一起放进蒸皿中待用。

（2）把蛋液打散，注意不要起泡。

（3）把 400 毫升的水、一点酱油、鸡精之类的配料、少许盐混合搅拌，一起倒进容器里面（如果想要鸡蛋羹细腻，可以把上述蛋液用漏勺过滤，口感比较好）。

（4）水烧开再把蒸皿放上去蒸，注意盖要留一点缝隙，蒸熟大约需要 7 分钟。

（5）蒸好后放入香菜叶以及一滴香油，盖好盖，上桌。

特点：做法简单，口感细腻，小孩比较喜欢吃。

二十九、土豆煎饼

主料：土豆 1000 克。

配料：盐 5 克，鸡粉 2 克，味精 1 克，干淀粉 5 克，油适量。

做法：

将土豆切丝，加盐、鸡粉、味精、干淀粉，做成饼坯，上笼蒸熟，下锅煎至两面金黄即成。

三十、土豆麻团

主料：土豆 100 克，芝麻 10 克。

配料：白糖 20 克，澄面粉 10 克，油适量。

做法：

土豆去皮、蒸熟、打成泥，加入白糖、澄面粉，做成球形，滚上芝麻，在油锅中炸 5 分钟。

三十一、土豆牛肉饼

主料：土豆 300 克，牛肉 100 克，面粉 200 克。

配料：油、十三香、盐、味精、鸡精适量。

做法：

（1）土豆带皮洗净，放入锅中蒸 30 分钟后，去皮捣成泥状和面粉拌匀备用。

（2）切碎的牛肉中加入十三香、盐、味精、鸡精等做成馅，用土豆泥包住牛肉馅，上锅蒸 20 分钟即可。

三十二、土豆牛肉卷

主料：土豆 1000 克，牛肉 250 克。

配料：植物油 500 克，面粉 50 克，盐 10 克，姜粉 3 克，花椒粉 2 克。

做法：

（1）土豆连皮洗净，放入锅中蒸 30 分钟后，去皮、捣成泥状和面粉拌匀备用。

（2）切碎的牛肉中加入盐、姜粉、花椒粉做成馅，用土豆泥包牛肉馅，并粘上面粉。锅中倒入植物油烧热，放入包好的牛肉卷炸黄后捞起。

三十三、土豆沙拉

主料：土豆，青豆，洋葱，胡萝卜，煮熟的鸡蛋。

配料：白胡椒粉，盐，沙拉酱，酸奶。

做法：

（1）将土豆切成小块，与青豆一起下锅，中火煮熟，10～15分钟后捞起晾置。

（2）煮土豆的时候，将胡萝卜、洋葱剁成细末。量不用太多，胡萝卜是为了好看，洋葱是为了提味，保证每口都有洋葱味就行。

（3）将鸡蛋黄挖出和土豆放在一起，将蛋白也切成细末，个数依个人口味而定。

（4）将切好的洋葱、胡萝卜和蛋清一起倒进盛土豆和青豆的容器中，放一些酸奶，加一些白胡椒粉、盐、沙拉酱，一起搅拌成黏稠状即可。

三十四、土豆烧牛肉

主料：土豆300克，牛肉200克。

配料：花生油50克，花椒粉3克，姜粉3克，盐2克，味精1克，酱油1克，茴香粉3克，桂皮2克，糖2克，葱花3克，青、红辣椒10克。

做法：

（1）牛肉250克切成2厘米见方的小块。

（2）把切好的牛肉放到开水里焯一下，去掉血沫。

（3）起锅，放入少量油，倒入葱、姜，接着放入牛肉翻炒一下，然后放入适量酱油、大料、桂皮、少量糖、适量的盐，最后放入足量的水，要没过牛肉，大火烧，然后盖上锅盖。炖1小时后，加入切好的土豆块300克接着炖10分钟，放入青、红辣椒，翻炒一下，最后放入少许味精，起锅即可食用。

三十五、土豆煨羊排

主料：土豆 500 克，羊肋条肉 250 克。

配料：盐 5 克，食油 2 克，糖 0.5 克，味精 1 克，香叶 3 克，花椒 5 克，大料 4 克。

做法：

将土豆切成块、羊肋条肉剁 6 厘米长段，用水汆过，加盐、食油、糖、味精、香叶、花椒、大料，同时放入高压锅加水压制 15 分钟至熟。

三十六、土豆蒸鸡

主料：净土鸡 1 只，土豆 200 克，面粉 100 克。

配料：盐、味精、十三香、葱花适量。

做法：

土鸡剁成块，用盐、味精、十三香、葱花腌入味，土豆切丁，面粉用沸水烫好并擀成面饼，然后将土豆丁抹到面饼上，再放入鸡块，上笼蒸 40 分钟。

三十七、土羊结合棒

主料：羊肉 250 克，土豆 300 克。

配料：姜末少许，姜片 2 片，八角 1 只，蒜 1 瓣，淀粉，蛋清 2 枚，盐 1 克，糖、味精、酒、生抽、老抽、油适量。

做法：

（1）取三个大土豆，连皮放在水里煮 40 分钟左右，用竹扦戳戳看，如果能戳透，就取出放在毛巾上，趁热剥去皮，将土豆捣碎，土豆冷却后就会起粘，难以捣碎。

（2）羊肉用刀剁碎，剁 10 分钟左右，至肉块不明显。

（3）肉末放一容器内，加姜末、1 小勺盐、半小勺味精、1 大勺酒、1 小勺生抽、足量淀粉，加 2 枚蛋清及少量清水，拌匀。放冰箱内 15 分钟，使之略微凝固。

（4）将肉末与土豆泥混匀，捏成长棒状。

（5）在笼锅中蒸 10 分钟。

（6）起油锅，将肉棒炸至黄色，取出沥油。

（7）将肉棒放入盘中，用加有洋葱、生姜末和少量香油的水淀粉勾芡，并浇在肉棒上即可。

三十八、新疆大盘鸡

主料：鲜鸡半只，马铃薯 3 个，蘑菇、青辣椒、红辣椒各 1 个，面 1 团。

配料：葱、姜、蒜若干，花椒、朝天辣椒 1 把（量因人而异），砂糖、盐、料酒适量。

做法：

（1）锅内倒油，把花椒炸透。

（2）倒入鸡、葱、姜、蒜、朝天辣椒翻炒几分钟，倒入酱油和水，加入砂糖、盐、料酒、蘑菇，焖上 5 分钟。

（3）加入马铃薯，继续小火炖至土豆熟。

（4）加入青辣椒、红辣椒，起点缀色彩的作用。

（5）翻炒一下即可出锅装盘。

三十九、洋芋擦擦

主料：马铃薯 500 克，面粉 80 克。

配料：胡麻油 100 克，葱花 10 克，花椒粉 2 克，姜末 5 克，盐 3 克，芹菜丁 10 克，青椒丁 10 克。

做法：

（1）取马铃薯去皮、洗净、沥干后，用马铃薯擦子将马铃薯擦成小薄片，加面粉搅匀后，放入锅中蒸15~20分钟。

（2）将食用油放入锅中烧热，放葱花、花椒粉、姜末、盐、芹菜丁、青椒丁，倒入蒸好的洋芋擦擦炒1分钟即可。

第四节 南方地区

一、长寿土豆丝

主料：大土豆数个，红辣椒1个，青辣椒1个。

配料：食用油100克，香醋3~6克，盐3克，鸡精1克。

做法：

（1）将土豆洗净，用制丝机制成长土豆丝，放入沸水中焯过捞出滤水装盘，辣椒洗净、切丝。

（2）锅中放油，待烧热后将土豆丝、辣椒丝倒入一起炒，炒熟后加盐、味精调味拌匀即可。

二、炒三丝

主料：100克大小的土豆1个，青辣椒50克，胡萝卜50克。

配料：植物油10毫升，大蒜2瓣，生姜1小块（2克），花椒0.5克，盐1克，糟辣椒水1汤匙，生抽1汤匙。

做法：

（1）土豆去皮、切成2毫米细丝，投入凉水中备用，青辣椒、胡萝卜也切细丝备用。

（2）大蒜、生姜切丝。炒锅置于旺火上放入植物油，先将花椒煸炒出香味，然后将土豆丝沥水倒入锅中煸炒，土豆丝煸炒过程中要不断淋入凉水，以免粘锅断裂。

（3）待土豆丝炒至透明状时，加入青辣椒丝、胡萝卜丝，同时加入大蒜、生姜一同煸炒约2分钟，再加入盐、糟辣椒水、生抽迅速收汁起锅。

特点：色泽亮丽，清脆爽口，微酸微辣，为当地老百姓常吃的下饭菜。

三、葱花薯片

主料：马铃薯300克，红椒2个，葱3根。

配料：食用油70克，盐3克，草果粉适量。

做法：

（1）马铃薯去皮、切成片，青葱切碎花，红椒去蒂、去籽、切块。

（2）锅中放油烧热，将薯片放入炸熟，铲去多余油，再放入红椒、葱花、草果粉、盐拌炒均匀起锅即可。

四、酢辣椒蒸土豆

主料：新鲜土豆500克，酢辣椒约250克。

配料：熏腊肠100克，生姜1小块，花椒2克，茼蒿200克。

做法：

（1）土豆去皮、切成25克左右的小块，过凉水后沥干水分。

（2）熏腊肠切成长为0.5厘米的小块，生姜切成碎末，茼蒿洗净、沥干水分。

（3）在汤盆中将土豆、酢辣椒、熏腊肠、姜末、花椒混匀，静置5分钟。

（4）蒸锅置于旺火上，加足底水将蒸笼蒸热，蒸笼内用茼蒿垫底，然后将酢辣椒拌好的土豆码在茼蒿上面，盖上锅盖大火蒸30分钟，再改用小火蒸15分钟即可，吃时将小蒸笼置于托盘上直接上桌。

特点：土豆松软，微辣微酸，同时具有腊肠和茼蒿香味。

注意事项：土豆选用充分成熟、淀粉含量较高的为宜，蒸笼一定要用中国传统的竹蒸笼，若用现代蒸笼则不易沥水，易成糊状。

附：酢辣椒做法是将新鲜红辣椒剁碎，加入玉米粉、盐，置于鄂西特有的倒复水瓦坛中酢 1 个月即成。

五、脆哨土豆粒

主料：土豆 500 克，脆哨 15 克，青、红椒各 5 克。

配料：色拉油 120 克，盐 3 克，味精 1 克，鸡精 1 克，辣椒红油 15 克，葱 5 克，姜 3 克，大蒜 3 克。

做法：

（1）将土豆切成粒状，锅底加适量色拉油烧至三成热，把土豆粒倒入，炸至金黄色起锅。

（2）锅底留油，加入炸好的土豆粒，加葱、姜、蒜、脆哨和青、红椒粒炒匀，加入配料，加少许红油起锅即可。

六、粉蒸土豆排骨

主料：土豆 300 克，猪排骨 500 克。

配料：姜丝、葱花、葱段、蒜泥各 5 克，蒸肉米粉 150 克，盐 5 克，味精 5 克，红油 5 克。

做法：

（1）土豆切块，排骨砍成小块。

（2）排骨用葱段、姜丝、蒜泥腌制 30 分钟后将蒸肉米粉倒在排骨上，和匀。

（3）排骨装在小碗里，再放入土豆块。用大火蒸 10 分钟，再用小火蒸 50 分钟，取出扣入盘中撒上葱花即可食用。

七、蜂窝土豆

主料：土豆 200 克。

配料：白糖 50 克，盐 3 克，食用油 500 克，鸡蛋 1 个，面粉 40 克，生粉 10 克，青、红丝少许。

做法：

（1）将土豆去皮、剁成小颗粒，用清水漂洗后捞出；青、红丝切碎。

（2）将鸡蛋打入碗中，调散后加入面粉、生粉和盐揉匀，再加入适量水将面团调成面浆，然后将土豆粒加入面浆中。

（3）将食用油倒入炒锅加热至五、六成热，用手从面浆中捞出土豆粒慢慢撒入锅中先构建一个网形骨架，然后不断往上淋入面浆，直至形成"蜂窝"状，如此反复至面浆用完。

（4）待锅中"蜂窝"炸至酥脆时，捞出沥净油，稍后再将"蜂窝"移入圆盘中，撒上白糖和青、红丝即成。

八、富贵石榴鸡

主料：马铃薯 400 克，鸡脯肉 100 克。

配料：糯米纸 20 张，鸡蛋 2 个，面包糠 300 克，糯米 80 克，盐 5 克，鸡粉 3 克，老抽 5 克，蚝油 5 克，植物油 1500 克（实耗 100 克）。

做法：

（1）将马铃薯去皮、洗净、切成碎米，将鸡脯肉切成碎米，将泡好的糯米蒸熟。净锅置旺火上，放入马铃薯碎米、鸡肉炒熟，再加入糯米、盐、鸡粉、老抽、蚝油炒匀起锅待用。

（2）将鸡蛋打入碗中调匀，用糯米纸把炒好的馅料包成石榴状，蘸匀调好的鸡蛋糊，再蘸上面包糠。

（3）净锅置旺火上，加入植物油，将包好的石榴鸡炸成金黄色即可起锅。

九、干巴洋芋丝

主料：牛肉干巴 50 克，马铃薯 300 克。

配料：食用油 400 克（实耗 65 克），盐 3 克，干辣椒 10 个，香葱 5 克。

做法：

（1）将马铃薯去皮、洗净、用推丝器推成丝，干巴切丝，干辣椒切段，香葱切碎。

（2）将油放入锅中烧热，倒入马铃薯丝炸干捞起，留少许油在锅中，放入干辣椒炸香，再倒入干巴一起炒熟，最后把马铃薯丝倒入一起炒，放入香葱、盐快炒拌匀即可出锅。

十、干焙洋芋丝

主料：马铃薯 500 克，淀粉 30 克。

配料：食用油 300 克，盐 5 克，花椒粉 2 克。

做法：

（1）将马铃薯去皮、洗净、用推丝器推丝，与淀粉一起拌匀，在盘中压成饼状。

（2）锅中放油，烧至三成熟时将马铃薯饼倒入锅中，炸至金黄色时均匀撒上盐、花椒粉即可出锅，炸时应用锅铲不时压马铃薯丝饼使其黏结不松散。

十一、干煸土豆丝

主料：土豆 250 克。

配料：干辣椒 2 个，葱 20，盐 3 克，味精 2 克，食用油 50 克。

做法：

（1）土豆切细丝，葱切段。

（2）用清水把土豆丝表面的淀粉漂洗干净后沥干水分。

（3）锅中放油用中火烧至六成热，下干辣椒段稍炸后倒入土豆丝，然后改大火煸炒。

（4）煸炒约 2 分钟，放葱段改中火继续煸炒约 1 分钟。

十二、干锅土豆

主料：土豆 500 克，红辣椒 2 个，糊辣椒 5～8 个，大葱 5 根。

配料：食用油 100 克，酱油 15 克，昭通酱 30 克，盐 6 克，味精 2 克。

做法：

（1）土豆洗净、去皮、切片（2 毫米厚），大葱切段，红辣椒切片，糊辣椒切段。

（2）锅中放油，将大葱、红辣椒、糊辣椒、昭通酱放入爆香，再放入土豆片一起炒，炒至快熟时加入适量水、盐、酱油、味精一起焖，焖至水分快干即可。

注：食用时可以用固体酒精加热。

十三、干腌菜炒薯片

主料：马铃薯 300 克，傣家干腌菜 50 克。

配料：食用油 50 克，盐 4 克，味精 2 克，青、红椒各 2 个，大蒜适量。

做法：

（1）马铃薯去皮、切成片，干腌菜切成小段，青、红椒去蒂、去籽后切成块，大蒜切片。

（2）将干腌菜放入热油锅中煎炸片刻，然后将青、红椒及马铃薯片放锅中炒熟，然后加盐、大蒜、味精炒制即成。

十四、合渣洋芋

主料：新鲜土豆 250 克，干黄豆约 200 克。

配料：青菜 10 克，植物油 5 毫升，盐 2 克。

做法：

（1）土豆去皮并沿髓部切成两半，用清水煮熟。

（2）黄豆用温水泡发后，用石磨或食物处理器磨成浆（约1升），青菜切碎。

（3）取不粘锅加入5毫升植物油，充分转动锅身使油均匀涂抹于锅四壁，然后将磨好的黄豆浆倒入锅中，中火煮沸，继续煮至无泡沫时加入青菜碎再煮2分钟，然后加入煮熟的土豆和盐再煮35分钟即可。

特点：蛋白、淀粉搭配合理，清香可口，有时在煮合渣时同时加入少量大米，即可做成合渣土豆稀饭。

十五、荷叶土豆泥

主料：土豆300克。

配料：食用油50克，红椒2个，香葱20克，淀粉适量，盐3克，味精2克。

做法：

（1）将土豆洗净后蒸熟，然后剥去皮，在器皿中压成土豆泥，荷叶用热水烫软后备用（鲜荷叶更好）。

（2）将红椒去蒂及籽后切成小块，将葱切碎。

（3）把土豆泥放入盆中加入油、盐、淀粉、少量水、切好的红椒和葱一起拌匀，用荷叶包起上笼蒸30分钟即可。

十六、红烧土豆球

主料：土豆250克。

配料：色拉油70克，生粉20克，面粉5克，青、红椒各10克，火腿5克，盐2克，味精1克，白糖4克，姜4克，老抽7克。

做法：

（1）土豆蒸熟后去皮、压成泥，加生粉、面粉、盐、味精拌匀，加工成球形。

（2）将青椒、红椒、火腿切成粒。

（3）炒锅置旺火上，加入色拉油烧至四成热，放入土豆球炸熟至金黄色。

（4）锅内留底油放入姜、火腿和青、红椒粒炒香后加入高汤，加入土豆球和配料，烧入味起锅装盘即可。

十七、茴香土豆泥

主料：茴香 25 克，土豆 300 克。

配料：食用油 70 克，淀粉适量，盐 3 克，味精 2 克。

做法：

（1）将土豆洗净后蒸熟，然后去皮，在器皿中压成土豆泥。

（2）茴香洗净切成粉末，将淀粉加水调芡。

（3）锅内放油烧热，将土豆泥倒入锅中炒，再调入淀粉芡水、茴香、盐、味精炒热即可。

十八、酱肉土豆丁

主料：土豆 300 克，猪元宝肉 100 克。

配料：木耳 3 克，葱 3 克，蒜片 2 克，淀粉 5 克，竹笋 5 克，盐 2 克，黄酱 5 克，白糖 3 克，植物油 60 克。

做法：

（1）土豆去皮、切 2 厘米见方的丁，木耳切粒，竹笋切粒，葱切 2 厘米长的段，猪肉切成和土豆丁同形。

（2）炒锅置旺火上，加植物油烧至六成热，将肉丁滑熟。

（3）锅内留油，加蒜炒香后加黄酱炒至变色，下主料、配料翻炒出锅即成。

十九、酱香土豆

主料：土豆 500 克。

配料：食用油 50 克，大葱 3 根，香辣酱 30 克，盐 2 克，味精 1 克。

做法：

（1）土豆去皮、切成约 3 毫米厚的片，大葱切段。

（2）锅中放少量水，将土豆片加入焖煮 2 分钟，捞出沥水。

（3）锅中放油加热，先倒入辣酱，再倒入土豆片、大葱爆炒，最后放其他配料拌匀出锅。

二十、金薯烩四宝

主料：马铃薯 250 克。

配料：香菇 10 克，胡萝卜 10 克，滑菇 10 克，青豆 20 克，（熟）玉米粒 20 克，油菜 250 克，盐 3 克，味精 2 克，鸡精 2 克，香油 5 克，植物油 30 克。

做法：

（1）将马铃薯洗净、去皮、切成块状，香菇、胡萝卜、滑菇均切成小颗粒。

（2）香菇、胡萝卜、滑菇、青豆余水。

（3）锅中放入植物油，加入主料、配料、少许高汤烩 1 分钟，加入熟玉米粒翻炒均匀。

（4）炒熟油菜，铺在盘底，将烩好的菜盛在上面。

二十一、金丝凤尾虾

主料：马铃薯 400 克。

配料：姜片 8 克，大虾 10 只，鸡蛋 2 个，沙拉酱 100 克，盐 5 克，淀粉 6 克，植物油 500 克（实耗 60 克）。

做法：

（1）马铃薯去皮、洗净，切成银针丝用清水浸泡待用。

（2）大虾去皮、留尾、开背刀去虾线，加入少许盐、姜片腌上待用，淀粉、鸡蛋、盐制成脆皮糊待用。

（3）锅内放入植物油，将薯丝炸至金黄色。将虾仁蘸上脆皮糊炸至外酥里嫩后蘸上沙拉酱，再蘸上炸好的薯丝，装盘即成。

二十二、鲢鱼杂烩汤

主料：鲢鱼 300 克，马铃薯 100 克。

配料：豆腐 100 克，香菇 30 克，芹菜 30 克，红椒 20 克，葱 2 根，生姜 1 块，蒜适量，盐 10 克，黄酒适量，豆瓣辣酱 20 克，植物油 20 克，味精 2 克。

做法：

（1）把鲢鱼宰杀、弃内脏后洗净、剁成块，豆腐、马铃薯切成厚片，香菇撕成片，芹菜切成 5 厘米长的段，葱、生姜、蒜去皮后切成末，红椒去蒂、去籽、切末。

（2）锅放油烧热，下葱末、生姜末、蒜末、豆瓣酱略炒，再加入水，放入香菇、鱼、豆腐、马铃薯、芹菜、黄酒、盐加热煮沸，小火炖 15 分钟，放味精即可。

二十三、凉拌薯丝

主料：马铃薯 300 克。

配料：蒜、芫荽、小米辣少许，盐 3 克，醋适量，蒜适量，味精 1 克。

做法：

（1）马铃薯去皮、切成丝，放入冷水中浸出淀粉后捞出控水，开水中焯至六七成熟后捞出控水，小米辣切碎，芫荽切末，大蒜捣泥。

（2）醋、芫荽、蒜泥、盐、味精放入拌匀即可。

二十四、麻辣土豆丁

主料：土豆 500 克。

配料：食用油 500 克，大葱 50 克，辣椒粉 20 克，花椒粉 3 克，辣酱 30 克，盐 5 克，味精 2 克。

做法：

（1）土豆洗净、去皮、切成丁，用水洗一下，捞出沥净水。

（2）锅内放油烧至八成热时放入土豆丁，炸熟后捞出，拌入辣椒粉、花椒粉、盐、味精和淀粉，锅内留少量油，放入土豆丁再炸一次捞出装盘即可。

二十五、蜜汁糯香土豆枣

主料：土豆 400 克。

配料：无核枣 10 粒，蜂蜜 20 克，面粉 20 克，枸杞 10 克，鸡蛋 2 个，白糖 10 克，植物油 500 克（实耗 50 克）。

做法：

（1）马铃薯洗净、去皮，上笼蒸熟后取出压成泥，加入蜂蜜、面粉、鸡蛋、白糖拌匀。

（2）将无核枣放入薯泥中，搓成球状备用。

（3）炒锅置旺火上，倒入植物油，七至八成油温时放入薯球炸熟，捞出摆放在盘中。

（4）锅底倒入清水，加入白糖、蜂蜜熬成蜜汁，淋在球上，再撒上枸杞即成。

二十六、南瓜炖土豆

主料：50 克大小的新鲜土豆 500 克，嫩青皮南瓜 1 个（约 500 克）。

配料：植物油 15 毫升，大蒜 1 个，生姜 1 小块（23 克），花椒 2 克，盐 1.5 克。

做法：

（1）土豆去皮并沿髓部切成两半，过凉水后沥干。

（2）南瓜洗净去蒂、去瓤，切成与土豆大小相当的块，大蒜、生姜拍松备用。

（3）炒锅置于旺火上烧热后改小火，放入植物油、花椒煸炒出香味，然后将土豆、南瓜一起投入锅中，用大火翻炒至有南瓜汁液浸出外观油亮，加入盐继续翻炒2分钟，沿锅壁加入500毫升清水，并将大蒜、生姜置于锅内，盖上锅盖大火煮沸后改用中火煮8～10分钟起锅。

二十七、泡椒土豆鸡

主料：土豆400克，土鸡200克。

配料：泡椒100克，芹菜15克，盐3克，味精、鸡精各3克，酱油5克，蚝油5克，白糖5克，料酒5克，植物油500克（实耗60克）。

做法：

（1）将土豆洗净、切粒、余水，芹菜切节，土鸡剁成块备用。

（2）炒锅置旺火上，放植物油，将土鸡炸至成熟后备用。

（3）锅底留油，把泡椒、芹菜炒香，加土豆粒、土鸡、高汤和调味料，烧至成熟起锅即成。

二十八、七彩土豆丝

主料：彩色土豆300克，青椒2个，红椒2个。

配料：食用油70克，盐3克，味精1.5克。

做法：

（1）土豆去皮、洗净、切成丝，青椒、红椒切丝。

（2）锅中放油烧热，把土豆丝和青、红椒一起倒入炒至成熟，放入盐、味精拌匀即可。

二十九、巧手团圆饼

主料：土豆250克，鸡蛋1只，面粉15克。

配料：色拉油 200 克，吉士粉 1 克，炸花生 3 克，盐 3 克，白糖 6 克。

做法：

（1）土豆蒸熟，去皮后压成泥，花生米拍成瓣。

（2）在土豆泥中拌入配料，搅匀后做成直径 5 厘米、厚 3 厘米的饼。

（3）平底锅置旺火上，加少许色拉油，将土豆饼依次放入，用微火煎成两面金黄即可。

三十、素炒土豆片

主料：土豆 300 克，糊辣椒 20 克，番茄 50 克。

配料：食用油 30 克，盐 5 克，味精 2 克。

做法：

（1）土豆洗净、去皮、切薄片，糊辣椒切段，番茄切碎。

（2）锅中放油加热，倒入番茄、糊辣椒炒，再倒入土豆片一起炒一会儿，加入适量水焖煮至熟，加入盐和味精拌匀即可。

三十一、酸菜土豆片汤

主料：土豆 200 克，酸菜 30 克。

配料：色拉油 10 克，猪油 5 克，盐 2 克，味精 1 克，胡椒粉 0.5 克，小葱花 7 克，姜米 3 克。

做法：

（1）土豆去皮后切成薄片，酸菜切成段。

（2）炒锅置旺火上，放少许色拉油加姜米爆香，然后加入酸菜炒香，加清水煮开后放入土豆煮至汤酸、香，加盐、味精调味，撒上葱花即可。

三十二、炭火烤土豆

主料：土豆 200 克。

配料：盐 2 克，五香辣椒面 10 克。

做法：

（1）带皮的整个土豆放在炭火上烤，小火烤到土豆表面发黄黑用刀刮去表皮，达到外熟、内六成熟。

（2）根据喜好加五香辣椒面或其他佐料即可食用。

三十三、糖醋土豆夹

主料：土豆 200 克，牛肉末 20 克，鸡蛋 1 只，番茄酱 30 克，生芡 70 克。

配料：色拉油 150 克，红醋 5 克，白糖 20 克，盐 2 克，味精 1 克。

做法：

（1）将土豆去皮、洗净、切成圆形片、做成土豆夹，将调味好的牛肉末夹入土豆片夹中。

（2）取碗，将生粉倒入碗中，加鸡蛋 1 只，加入盐、味精搅拌成糊状，将土豆夹上糊，炸至金黄放入盘中。

（3）炒锅置旺火上，倒入色拉油少许，加白糖、番茄酱、红醋，勾芡后淋在土豆夹上即可。

三十四、铁板土豆

主料：土豆 400 克。

配料：小米椒 20 克，猪肉末 20 克，水芡 5 克，虾皮 10 克，蒜泥 2 克，姜泥 2 克，盐 3 克，味精 3 克，花草辣椒酱 5 克，植物油 100 克。

做法：

（1）将土豆去皮、洗净，切成大块蒸熟待用。

（2）将小米椒、猪肉末、辣椒酱、虾皮放入锅中炒熟后放入10克水，再放入盐、味精，加入水芡起锅。

（3）将铁板置旺火上烧烫，将蒸好的土豆块倒在铁板上、淋上汁即成。

三十五、土豆红烧肉

主料：五花肉200克，去皮土豆300克。

配料：猪油50克，香葱2棵，生姜1小块，料酒10克，酱油20克，辣椒粉适量，花椒适量，草果2个。

做法：

（1）将猪肉洗净、切成方块，土豆洗净、切块，葱洗净、切段，姜洗净、拍松。

（2）锅放少许油，放入葱段、姜块煸出香味，投入肉块，肉块炒出油时放入酱油、料酒，不断翻炒使其上色。

（3）再加入少许水，用大火烧开，小火焖至近烂，投入土豆块、白糖，再烧15分钟，待土豆入味时，起锅盛入碗中即可。

三十六、土豆黄焖鸭

主料：鸭肉300克，土豆300克。

配料：食用油100克，腌红辣椒3个，生姜1小块，酱油15克，料酒20克，盐5克，味精2克，水淀粉20克，油辣椒10克。

做法：

（1）将鸭肉洗净、剁块，姜洗净、切片。

（2）腌红辣椒切小段，土豆去皮、切块。

（3）锅中倒入油加热，放入鸭块炒至快熟，加入土豆、酱油、腌红辣椒、油辣椒、生姜、料酒、适量水和盐用小火焖30分钟，待鸭肉已烂时加入味精、水淀粉勾芡即可。

三十七、土豆焖饭

主料：大米，土豆，豌豆，胡萝卜，香肠。

配料：食用油，盐。

做法：

（1）土豆洗净、去皮、切丁，胡萝卜洗净、切丁，豌豆洗净，香肠切片，大米淘洗干净。

（2）土豆丁先用油炒一两分钟，然后和其他主料、配料一起放入锅中，加适量水焖熟。

注：各种主、配料依自己喜好增减。

三十八、五香土豆丝饼

主料：土豆300克，面粉100克。

配料：食用油300克，盐3克，五香粉适量。

做法：

（1）土豆去皮、洗净、切丝，面粉加适量水调成糊状，将土豆丝拌入做成饼状。

（2）锅中放油烧至六成热，将土豆丝饼放入油炸，炸熟后倒去多余油，关火，一边搅动薯饼一边撒盐和五香粉，拌均匀即可出锅。

三十九、香麻土豆丁

主料：土豆500克。

配料：食用油100克，盐3克，香葱适量，花椒粉适量。

做法：

（1）将土豆去皮、洗净、切成丁，将香葱切成末。

（2）锅中放入油烧热，将土豆丁倒入锅中炸，炸熟时加入盐、花椒粉拌匀，出锅后撒上香葱即可。

第五章　多种多样的加工产品

第一节　全　粉

　　马铃薯全粉是脱水马铃薯制品中的一种。以新鲜马铃薯为原料，经清洗、去皮、挑选、切片、漂洗、预煮、冷却、蒸煮、捣泥等工艺过程，经脱水干燥而得的细颗粒状、片屑状或粉末状产品统称为马铃薯全粉。马铃薯全粉与淀粉的区别在于：全粉在加工过程中不破坏植物细胞，基本上保持了细胞的完整，包含了新鲜马铃薯除薯皮以外的全部干物质（淀粉、蛋白质、糖、脂肪、纤维、灰分、维生素、矿物质），经过复水即可得到新鲜的马铃薯泥，保持了马铃薯的天然风味及固有的营养价值，而淀粉的提取则破坏了马铃薯植物细胞，失去了马铃薯的天然风味及固有的营养价值（丛小甫，2002；李树君，2014）。

　　马铃薯全粉根据其脱水干燥工艺的不同，其名称、性质、使用方法有较大差异。采用热气流干燥工艺生产的，成品主要以马铃薯细胞单体颗粒或数个细胞的聚合体形态存在的粉末状马铃薯全粉称之为马铃薯颗粒全粉（potato granules），简称"颗粒粉"。采用滚筒干燥工艺生产的，厚度为 0.10～0.25 毫米、片径为 3～10 毫米大小的不规则片屑状马铃薯全粉，其外形如雪花，因此称之为马铃薯雪花全粉（potato flakes），简称"雪花粉"。采用脱水马铃薯制品经粉碎而得到的粉末状马铃薯全粉称之为马铃薯细粉（fine potato flour/powder），简称为"细粉"（李明月 等，2016；李富利，2012；彭鑑君 等，2007）。其中马铃薯颗粒全粉和马铃薯雪花全粉的生产量最大，其应用也最为广泛。表5-1为马铃薯全粉质量标准。

表 5-1 马铃薯全粉质量标准

	指标名称	颗粒粉	雪花粉
感官指标	色泽	乳白色或淡黄色	乳白色或淡黄色
	细度	≤0.25 毫米	按照客户要求
	斑点	≤100 个 / 克	≤15 个 / 克
	气味和口感	具有天然马铃薯风味	具有天然马铃薯风味
	外观	蓬松粉状，不发黏	蓬松粉状，不发黏
理化指标	水分含量	≤9%	≤9%
	容重	0.75～0.85 克 / 厘米^3	0.15～0.75 克 / 厘米^3
	二氧化硫残留量	≤30 毫克 / 千克	≤30 毫克 / 千克
	游离淀粉	≤4%	≤15%
卫生指标	细菌总数	≤5000 个 / 克	≤5000 个 / 克
	酵母菌和霉菌	≤100 个 / 克	≤100 个 / 克
	储存期	1 年	1 年

一、马铃薯颗粒全粉

（一）马铃薯颗粒全粉的加工品种选择

马铃薯颗粒全粉加工时，应选择薯块大、芽眼浅、薯肉颜色白的，不应含有腐烂薯，机械损伤、冻伤及灰色薯的比例不应超过总数的10%，发芽数不应超过2%，干物质含量高于19%，还原糖含量低于0.4%，多酚氧化酶活性低，无明显病虫害症状。马铃薯存储时应防止阳光暴晒，暴晒使马铃薯产生的苦味会使颗粒全粉变苦，储存条件不好而产生的霉变、腐烂、枯萎等也会导致产品的不良风味。

（二）马铃薯颗粒全粉加工工艺流程

马铃薯颗粒全粉的加工工艺可分为回填法和冻融法（郝琴 等，2011；康文宇，2002）。

1.回填法工艺流程

回填法适合于大规模工业化生产，在国外应用较普遍，具有生产连续性高、产量大、能耗低等优点，最大限度地保持了马铃薯细胞组织的完整性，使细胞破碎率最小、游离淀粉释放量最少、保持马铃薯原有的风味和营养价值、产生风味和营养更接近新鲜马铃薯，但缺点是设备较大型、投入高、对原料要求严格、产品质量不易控制。主要生产工艺流程：马铃薯原料→清洗→去皮→切分→预煮→冷却→蒸煮→回填制泥→调质→干燥→成品。

（1）清洗：通过转动筛的振动，将大的泥块、砂石排落，之后用高压水喷淋薯块上的泥沙。

（2）去皮：清洗过程中采用蒸汽去皮或者机械去皮。

（3）切分：经过人工挑拣、修整后，把合格的去皮马铃薯切成10～15毫米的厚片，输送至下道工序，厚度可根据生产工艺的需求进行调整。

（4）预煮：预煮是将马铃薯在75～85℃水浴中轻微淀粉糊化，这样不会大量破坏细胞膜，却能改变细胞间的聚合力，使蒸煮后的细胞更容易分离，同时抑制酶褐变，起到杀青作用，通常工艺参数温度为75～85℃，时间为15～25分钟。

（5）冷却：熟化后的薯片进行冷却，使糊化的淀粉老化，通常工艺参数温度为15～25℃，时间为15～25分钟。

（6）蒸煮：蒸煮是马铃薯全粉制作生产中的关键工序，采用螺旋式蒸煮机，通常蒸煮工艺参数温度为95～105℃，时间为35～60分钟。

（7）回填制泥：低温的薯片输送到专用的制泥机内被制成薯泥。制泥的过程中混进一定数量的干粉。

（8）调质：在一个调质罐中加入辅料将薯泥按干燥的要求进行调质。

（9）干燥：调质好的薯泥在类型不同的干燥机中进行干燥。

2.冻融法工艺流程

冻融法适合于小规模生产，设备相对简单，投入少，产品质量易控制，但能耗大，产量低。主要生产工艺流程：马铃薯原料→清洗→去皮→切片→预煮→冷却→蒸煮→制泥→冻融→预干燥→造粒→干燥→冷却→成品。

（1）清洗（同回填法）。

（2）去皮（同回填法）。

（3）切片（同回填法）。

（4）预煮（同回填法）。

（5）冷却（同回填法）。

（6）蒸煮（同回填法）。

（7）制泥：冷却后的薯片输送到带叶片的搅拌器内低速搅拌2分钟制成薯泥，在制泥过程中加入适量的添加剂。

（8）冻融：制泥后的马铃薯原料在 -40～-20℃冷冻，然后在0～5℃条件下自然解冻。

（9）预干燥：在热风干燥器中进行，预干燥温度为93℃，热风流量为115米/分钟。

（10）造粒：将预干燥后的马铃薯输送到造粒机中造粒，颗粒大小为100目。

（11）干燥：干燥过程仍在热风干燥器中进行，热风温度为85℃，热风流量为90米/分钟，干燥过程不进行搅拌。

二、马铃薯雪花全粉

（一）马铃薯雪花全粉的加工品种选择

马铃薯雪花全粉加工时，应选择纯正，健康完整，无虫害，表面光滑，无发绿、冻伤、黑斑、腐烂等不良现象，芽眼小而浅，长芽长度≤2毫米，外形呈圆或椭圆形，直径≥30毫米的新鲜马铃薯品种，还应选择干物质含量在17%～23%、还原糖含量尽量低（一般≤0.3%）的品种，无特殊气味和味道，其表面残余杀虫剂和其他化学药剂必须符合国家有关规定（赵凤敏 等，2003）。

（二）马铃薯雪花全粉加工工艺流程

马铃薯经清洗、去皮、切片、蒸煮、挤压制泥后上滚筒干燥机进行干燥，再按照使用要求粉碎成不同粒度的片状粉料即得到雪花全粉。该工艺基本保持了马铃薯细胞组织的完整性和马铃薯原有的风味和营养价值。其工艺流程为：马铃薯原料→去石清洗→去皮→切片→预煮→冷却→蒸煮→磨碎→干燥→粉碎。

（1）去石清洗：去除泥沙、石块、杂物等杂质，并清洗去除表面的脏物。

（2）去皮：去皮一般多采用机械去皮法、蒸汽去皮法和化学去皮法。

（3）切片：去皮后的马铃薯经切片机切成厚薄均匀、适中的薄片。切片的厚度根据块茎的品种、成熟度、还原糖含量、预煮和蒸煮时间而定，一般将马铃薯切成 10 毫米左右厚的薄片，使其在预煮和冷却期间能得到更均匀的热处理。

（4）预煮（同回填法）。

（5）冷却：用冷水清洗蒸煮过的马铃薯，把游离淀粉除去，避免其在脱水期间发生粘胶或烤焦，使制得的马铃薯泥黏度降到适宜的程度。

（6）蒸煮：将预煮冷却处理过的马铃薯片在常压下用蒸汽蒸煮 30 分钟，使其充分 α 化。

（7）磨碎：马铃薯在蒸煮后立即磨碎，以便很快与添加剂混合，并避免细胞破裂。

（8）干燥：可采用滚筒干燥机，可以得到最大密度的干燥马铃薯片，其含水量在 9% 以下。

（9）粉碎：干燥后的薯片可用粉碎机粉碎成鳞片状。

三、马铃薯全粉的防褐处理和贮藏

马铃薯全粉在贮藏期间有两种变化，一种是非酶褐变，另一种是氧化变质。

马铃薯全粉贮藏期间防止非酶褐变的措施：①降低贮藏温度；②加入适量硫酸盐（约 200 毫克 / 千克）；③降低含水量；④选择还原糖低的马铃薯原料。

马铃薯全粉贮藏期间防止氧化变质措施：添加适量抗氧化剂，如叔丁基对羟基茴香醚、2，6- 二叔丁基对甲酚等，与部分成品薯泥混合制成 5000 毫克 / 千克抗氧化混合物，然后再添加进成品全粉中，使其达到合适的标准浓度，全粉可存放一年。

四、马铃薯全粉的市场应用

随着人民生活水平的不断提高，马铃薯全粉的应用越来越广泛，市场需求量越来越大。将马铃薯全粉作为薯类食品加工的基础原料，逐渐成为薯类食品加工业的主流。以全粉作为原料较之以鲜薯为原料加工的产品，具有成型整齐、口感好、包装运输方便等优点。从产品特性看，马铃薯全粉可以作为多种加工产品的基础原料，可以改善产品的加工性状、口感和营养价值。利用马铃薯全粉为原料加工的食品主要有以下几类（王宝律，1999；李树君，2014）：

（1）旅游、快餐全粉食品。

（2）油炸食品（油炸薯片、薯条）。

（3）冷冻制品（马铃薯饼、马铃薯丸子）。

（4）食品添加剂（烘烤食品、冰淇淋、雪糕、冷冻食品、各种副食品）。

（5）食品调味剂。

（6）膨化食品、儿童食品、婴儿冲调食品。

（7）马铃薯全粉湿制品（马铃薯泥、马铃薯糊精、马铃薯饮料）。

第二节　油炸薯片和薯条

一、油炸薯片 *

油炸薯片（别名油炸土豆片、油炸洋芋片），是指由马铃薯制成的零食，已成为很多国家零食市场重要的一部分。油炸薯片以鲜薯为原料，是当今流行很广的一种方便食品，销售量很大，以松脆酥香、营养丰富、老少皆宜及价格低廉倍受人们青睐（高文霞，2018）。其生产过程对生产设备、技术控制、贮藏运输、原料品质等的要求与冷冻薯条基本相同，目前油炸形式主要采用炸锅体外间接加热式，该方式有利于延长煎炸油的使用时间，加热均匀，操作简单。我国目前已有40余条油炸薯片生产线，总生产能力近10万吨。其主要营养成分如表5-2所示。

表 5-2　油炸薯片营养成分

所含营养素	含量（每100克）	所含营养素	含量（每100克）
能量	551 千卡	磷	163 毫克
蛋白质	7 克	钾	381 毫克

---

* 本部分内容主要参考（李凤云，2002）。

所含营养素	含量（每 100 克）	所含营养素	含量（每 100 克）
脂肪	37 克	钙	110 毫克
胆固醇	4 毫克	铁	1.6 毫克
饱和脂肪酸	9.6 克	锌	0.64 毫克
多不饱和脂肪酸	7.1 克	维生素 A	1 微克
单不饱和脂肪酸	18.7 克	维生素 B_1（硫胺素）	0.18 毫克
碳水化合物	50.6 克	维生素 B_2（核黄素）	0.12 毫克
膳食纤维	3.4 克	烟酸（烟酰胺）	2.6 毫克
叶酸	18 微克	维生素 B_6	0.52 毫克
钠	600 毫克	维生素 C（抗坏血酸）	8.5 毫克
镁	53 毫克		

（一）油炸薯片原料要求

油炸薯片的成功与否或品质的好坏，60%～70% 取决于马铃薯本身。因此，油炸薯片原料要选得好，主要要求如下：

（1）最大长度≤90 毫米，最小直径≥40 毫米。

（2）还原糖含量≤0.2%。

（3）干物质含量应在 20%～23%。

（4）块茎的密度为 1.081～1.095g/cm³（或淀粉含量 14.3%～17.3%）。

推荐品种：大西洋（Atlantic）、斯诺顿（Snowden）、夏波蒂（Shepody）等国外引进品种；国内品种有克新 1 号、陇薯 3 号等。

（二）油炸薯片加工工艺流程

油炸薯片生产工艺流程为：原料→清洗→去皮→修整→切片→漂洗→漂烫→护色→脱水→油炸→脱油→调味→冷却→计量包装→成品入（冷）库。

（1）原料：投入生产之前需对其成分进行测定，关键是还原糖含量的测定，当还原糖含量>0.3% 时，应继续预置，直到糖分达到标准时为止。还要求无霉变腐烂且无发芽、虫害等现象。

（2）清洗：采用滚笼式清洗机去除马铃薯表面泥土及脏物。

（3）去皮：采用机械摩擦去皮方式，一般一次投料为 30～40 千克，去皮时间多为 3～8 分钟。

（4）修整：将去皮工序中未彻底去皮的土豆进一步清理，去除原料上芽眼、霉变等不宜食用的部位。

（5）切片：将去皮的马铃薯送进离心式切片机中切成薄片，厚度控制在 1.1～1.5 毫米。

（6）漂洗：切片后的薯片应立即漂洗，除去薯片表面游离淀粉和可溶性物质，避免薯片在油炸时互相粘连。

（7）漂烫：在 80～85℃的热水中漂烫 2～3 分钟，以降低薯片表面细胞中的糖分。

（8）护色：将护色液加入漂烫水进行护色，在护色液中要加入少量添加剂。

（9）脱水：去除薯片表面水分，热风温度为 50～60℃。

（10）油炸：油温为 185～190℃，油炸 120～180 秒。油炸是油炸薯片的关键工序。油炸前应将漂烫后的薯片尽量晾干，因为薯片表面水分越少，油炸时间越短，产品含油量越少。油炸所用油脂必须是精炼油脂，如精炼玉米油、花生油、米糠油、菜籽油等。为防止成品在置放时与空气接触和受光影响而引起氧化酸败，油炸应选择不易被氧化酸败的高温度性油，如米糠油具有不易酸败的特点，棕榈油具有高稳定性的特点，氢化油的稳定性最高。

（11）脱油：采用热风吹以降低薯片中的含油量。

（12）调味：油炸后的薯片通过调味剂着味后，制成各种风味的产品。我国目前油炸薯片用的调味料主要有番茄味、烧烤味、鸡肉味、牛肉味等，一般加入量为 1.5%～2.0%。

（13）冷却：将着味后的薯片冷却至室温后方可包装。

（14）计量包装：为便于产品保存、运输和保鲜，调味好的炸薯片经过冷却、过磅后进行包装，包装袋应由无毒、无臭材料制成。

二、薯条

薯条即速冻薯条，又称法式薯条，是指新鲜马铃薯经去皮、切条、漂烫、干燥、油炸后迅速冷冻而制成的一种马铃薯加工产品，需在冷冻条件下保存，是西式快餐的主要品种之一，在欧美国家非常流行。近年来，西式快餐在我国大中城市及沿海地区日趋风行，薯条的需求量也与日俱增。

（一）薯条原料要求

根据速冻薯条在加工过程中的物料特性和产品品质要求，用于加工的马铃薯原料应该满足以下要求：

（1）品种要求：在我国实际种植的马铃薯品种中，以引进的夏波蒂、布尔班克品种为最佳，国内品种克新 1 号可代替原料。

（2）外形和尺寸：薯块的外形为长椭圆形或长圆形，浅芽眼而平，表皮光滑，薯形整齐，长度不小于 78 毫米，单块重量不小于 160 克。

（3）薯肉特征：以白皮白肉为最佳，或者黄皮白肉、黄皮黄肉。

（4）病虫害情况：薯块不带病（环腐病、水腐病、晚疫病等），无冻害、虫害，不发绿，不发芽，表皮无裂纹，薯体无空心。

（5）品质指标：原料的还原糖含量要求在 0.25% 以下，干物质含量要求在 20% 以上，淀粉含量要求为 14%～17%。

（二）薯条加工工艺流程 [*]

速冻薯条生产有严格的质量标准。生产过程中除加少量护色剂之外，不添加任何其他物质；生产过程连续化和操作控制自动化程度很高；必须建立贮运冷链。主要生产工艺流程为：马铃薯预置→清洗→去皮→修整→切条→分级→漂烫→脱水→油炸→沥油→预冷→速冻→计量包装→成品入（冷）库。

（1）马铃薯预置：将马铃薯预置，以便还原糖含量、干物质含量等达到后期薯条加工的指标要求。

（2）清洗：利用清洗和流送设备，除去马铃薯表面的泥沙和杂质等。

（3）去皮：用机械摩擦或蒸汽去皮的方式，除去马铃薯表皮并将薯和皮分离，喷淋护色，防止去皮后马铃薯表层氧化褐变，要求马铃薯的去皮率达到 95% 以上，且去皮后表层无褐变现象。

---

* 本部分内容主要参考（郭楠 等，2014）。

（4）修整：利用人工对原料进一步除去未除尽的薯皮、芽眼和不规则部分。

（5）切条：根据生产要求的不同切成不同规格的尺寸且截面呈方形的条，同时用水冲洗表层淀粉。要求截面规整，表面光滑，条形较直。

（6）分级：将长度小于一定规格（30～50毫米）的碎屑、短条分离出去，并进一步除去表层淀粉。

（7）漂烫：对薯条进行灭酶杀青，保证原料在加工过程中不发生褐变。通常在70～100℃热水中漂烫。

（8）脱水：使用加热烘干设备，去掉薯条部分水分，使薯条的含水量达到工艺要求。

（9）油炸：在一定温度下，经过几十秒的油炸后，将薯条的水分进一步降低，制成半成品。

（10）沥油：采用振动等方式去除薯条表面多余的油脂。

（11）预冷：为提高速冻效率、减少能耗，利用室外冷空气或机械制冷对油炸后的薯条进行冷却。

（12）速冻：在较短时间内深冷速冻，使薯条中心温度快速降至低温（-18℃），这样薯条内部结冰晶体细密、均匀，薯条保鲜期较长，贮藏质量好，产品深度油炸后口感好。

（13）计量包装：按产品市场销售规格进行称重包装，要求环境温度为0～5℃，包装时间尽可能短，防止薯条吸潮后发生冻黏现象。

（14）成品入（冷）库：包装完好的产品进入冷藏库冷藏，冷藏温度为-18℃。

第三节　淀　粉

一、马铃薯淀粉的生产概况 *

17世纪初，第一批马铃薯淀粉被美国生产提取出，并且投入大范围的生产。

---

* 本部分内容主要参考（王娉婷，2018）。

在我们国家，生产马铃薯淀粉的时间和技术都相对落后，而且在生产初期产率低，重视度不高，经济效益差，相关优化改进技术相对滞后。马铃薯作为许多食物的原材料，被许多国家直接或间接的工艺技术制作成各种各样的相关优良产品。其中，马铃薯淀粉、马铃薯变性淀粉及其马铃薯相关的副产品品种已被大规模发明生产。据了解，变性淀粉的年需求量为30万吨，具有很大的市场需求和经济效益。马铃薯是一种优良的粮食作物。随着对马铃薯了解的深入，人类发现马铃薯中含有丰富的营养素，如蛋白质、淀粉、纤维素、微量元素、维生素等，它有很高的营养价值。最近几年，马铃薯淀粉的生产食品已经走上我们的餐桌了。

二、马铃薯淀粉的特性

（一）马铃薯淀粉粒径大

不同品种的马铃薯淀粉其粒径大小也是不同的，通常情况下，马铃薯淀粉的粒径一般为35～105微米。椭圆形的一般为大粒径的马铃薯淀粉，圆形的为小粒径的马铃薯淀粉。给予一定的营养条件和环境因素，马铃薯淀粉粒径会发生一系列变化，导致比燕麦淀粉、紫薯淀粉和小麦淀粉的粒径都要大。

（二）马铃薯淀粉黏性大

马铃薯淀粉的黏度取决于其直链淀粉的聚合度。将马铃薯淀粉、玉米淀粉、燕麦淀粉和小麦淀粉进行糊浆黏度实验比较，结果表明马铃薯支链淀粉的含量高达79%以上，马铃薯淀粉峰值平均达2988BU，比玉米淀粉（589BU）、燕麦淀粉（999BU）和小麦淀粉（298BU）的糊浆黏度峰值都高。

（三）马铃薯淀粉的糊化温度低

马铃薯淀粉的糊化温度平均为64℃，比玉米淀粉（72℃）、小麦淀粉（73℃）以及薯类淀粉的木薯淀粉（65℃）和甘薯淀粉（80℃）的糊化温度都低。虽然马铃薯淀粉颗粒较大，但是马铃薯淀粉的分子结构中存在着相互排斥的磷酸基团电荷，且内部结构较弱，所以马铃薯淀粉的膨胀效果非常好。

（四）马铃薯淀粉的吸水力强

众所周知，淀粉具有一定的吸水能力，并且其吸水能力随着温度的变化而发生相应的改变。马铃薯淀粉的含量非常高，在适当的温度和环境条件下，马铃薯淀粉膨胀时可以吸收比其自身的质量多 398～598 倍的水分。

（五）马铃薯淀粉糊浆透明度高

在适宜的条件下，马铃薯糊浆中的颗粒状淀粉不会受到膨化和糊化的影响。马铃薯淀粉糊浆透明度高的原因是其化学分子结构式中有缩合的磷酸基且不具有脂肪酸。磷元素是马铃薯淀粉分子中最重要的元素，并在马铃薯淀粉中以共价键的形式存在。马铃薯淀粉中 300 个左右的葡萄糖基中都含有磷酸基，维持磷酸基上的平衡离子大部分是有机离子，如锰离子、钙离子、铁离子等，并对马铃薯淀粉在胶化的反应步骤中发挥着不可替代的作用。马铃薯淀粉中的磷酸基在水溶液中显示带负电荷，并且不与带负电荷的其他物质相结合，在整个胶化的反应步骤中也十分重要、不可替代，导致马铃薯淀粉可以迅速和溶液中的水结合并且达到膨胀的效果，所以使马铃薯淀粉与水黏合度增高，产生了淀粉糊。

三、马铃薯变性淀粉的特点

目前国外对马铃薯变性淀粉的研究开发已经取得了很好的进展，研发了种类丰富、品质优良的各种各样的马铃薯淀粉、马铃薯变性淀粉的相关产品。通过物理方法、化学方法或酶法改变淀粉一些特有的生理性质，使其功能或结构发生一系列改变而得到的淀粉衍生物称为变性淀粉。常见的马铃薯变性淀粉有预糊化淀粉、羟烷基化淀粉、交联淀粉、酯化淀粉、醚化淀粉等。马铃薯预糊化淀粉的支链分子量比甘薯、小麦和玉米等预糊化淀粉大，因而具有很强的黏结性；马铃薯酸化淀粉可以被制成一系列的生物膜；在相对温度较低的环境下，马铃薯羟烷基化淀粉具有一定的持水性，是制作冷冻布丁的最佳原料；利用强吸水性和优良增稠性的马铃薯原淀粉制成的马铃薯交联淀粉可以提高耐剪切能力并且增强其稳定性。

四、马铃薯淀粉生产工艺

（一）清洗工艺及设备

主要是清除物料外表皮层沾带的泥沙，并洗除去物料块根的表皮，去石清洗机是要去除物料中的硬质杂。对作为生产淀粉的原料进行清洗，是保证淀粉质量的基础，清洗的越净，淀粉的质量就越好。输送是将物料传递至下一工序，往往输送的同时也有清洗功能。常用的输送、清洗、去石设备有水力流槽、螺旋清洗机、斜鼠笼式清洗机、桨叶式清洗机、去石上料清洗机、（平）鼠笼式清洗机、转筒式清洗机、刮板输送机等。根据土壤和物料特性可选择其中一些进行组合，达到清洗净度高、输送方便的要求。

（二）原料粉碎及设备

粉碎的目的就是破坏物料的组织结构，使微小的淀粉颗粒能够顺利地从块根中解体分离出来。粉碎的要求在于：①尽可能地使物料的细胞破裂，释放出更多的游离淀粉颗粒；②易于分离，并不希望皮渣过细，皮渣过细不利于淀粉与其他成分分离，又增加了分离细渣的难度。

（三）筛分工艺及设备

淀粉提取也称为浆渣分离或分离，是淀粉加工中的关键环节，直接影响到淀粉提取率和淀粉质量。粉碎后的物料是细小的纤维，体积大于淀粉颗粒，膨胀系数也大于淀粉颗粒，比重又轻于淀粉颗粒，将粉碎后的物料，以水为介质，使淀粉和纤维分离开来。

（四）洗涤工艺及设备

淀粉的洗涤和浓缩是依靠淀粉旋流器来完成的，旋流器分为浓缩旋流器和洗涤精制旋流器。通过筛分以后淀粉浆先经过浓缩旋流器，底流进入洗涤精制旋流器，最后达到产品质量要求。设备配有全套自控系统，采用优质旋流管及最优化的排管方案，可以使最后一级旋流器排除的淀粉乳浓度达到23Be'，是淀粉洗涤设备的理想选择。

（五）淀粉脱水

马铃薯淀粉常采用真空吸滤脱水机，可实现自动给料、自动脱水、自动清洗。

（六）淀粉干燥

气流干燥机是利用高速流动的热气流使湿淀粉悬浮在其中，在气流流动过程中进行干燥，具有传热系数高、传热面积大、干燥时间短等特点。

（七）淀粉冷却与过筛包装

淀粉经干燥后，温度较高，为保证淀粉的黏度，需要在干燥后将淀粉迅速降温。冷却后的淀粉进入成品筛，在保证产品细度、产量的前提下进入最后一道包装工序。

五、马铃薯淀粉的一些相关应用

（一）在糖果生产中的应用

在糖果中，马铃薯淀粉被用为填充剂和糖衣。将马铃薯淀粉添加到糖果成分中可增加糖果的体积，可改善产品的口感和咀嚼性，增加弹性和细腻度，而且能有效防止糖体变形和变色，延长产品保质期；马铃薯变性淀粉因其良好的透明度和较强的持水作用，被用于明胶糖果中，在一定的条件下能够和明胶很好地结合，形成韧而不硬、滑而不黏、具有良好口感和弹性的凝胶，同时可大幅度降低成本。

（二）在面食中的应用

将马铃薯淀粉添加到面团制作面条，在面团中添加马铃薯淀粉会使面团的筋韧度增大、弹性升高、吸水率明显提高、含油率降低，制作出来的面条口感细腻光滑，更受男女老少的喜爱。

（三）在肉制品中的应用

马铃薯淀粉在肉制品的生产中也是不可或缺的。由于马铃薯淀粉糊化后的透明度非常高，可以防止肉制品发生色变，因此，可以减少其他添加剂的使用并长时间保持肉鲜嫩的颜色。马铃薯淀粉还可以使食品锁住水分，防止流失，避免导致食物的腐败，也使食品的结构组织看起来更加良好。在一些香肠产品制作的过程中，用马铃薯淀粉将玉米淀粉替换掉，会使淀粉的用量减少，减少了成本的投入，使肉质的口感更加爽滑细腻，这样的生产工艺不但增添了食品的创新型，也使产品更加高级。这是因为淀粉具有一定的吸水能力，并且其吸水能力随着温度的变化而发生相应的改变，并发生糊化反应。

马铃薯变性淀粉具有很高的膨胀度且吸水能力很强，在加热过程中，肉类蛋白质受热变性形成网状结构，由于网眼中尚存一部分结合不够紧密的水分，被淀粉颗粒吸收固定，使淀粉颗粒变得柔软而有弹性，起到黏着和保水的双重作用。添加马铃薯变性淀粉的肉制品，组织均匀细腻，结构紧密，富有弹性，切面光滑，鲜嫩适口，长期保存和低温冷藏时保水性极强。

（四）在乳制品中的应用

在目前产业研究中，马铃薯淀粉在酸奶中的应用最为典型。在酸奶生产加工工艺过程中，在经过原料牛奶的验收、过滤、净化、标准化、预热均质以及杀菌的条件下，再添加马铃薯淀粉，然后进行发酵等一系列操作过程制得高品质的酸奶。马铃薯淀粉具有很强的吸水性、成型性、糊化性、熔融性以及膨胀性，同时还能增加酸奶的黏稠度、透明度以及口感。添加了马铃薯淀粉制成的酸奶，具有良好的风味并且提升了食用品质。

（五）酱料的优良增稠剂

变性淀粉作为一种良好的增稠剂，被广泛地使用在酱料类食品中，使用变性淀粉可降低生产成本。同时，由于酱料品质稳定，可长时间存放不分层，使得产品外观有光泽且口感细腻。

酱料产品多含有较高的盐分，因而 pH 的变化较大，一般需经高温消毒，并伴随中等到激烈的搅拌或均质。鉴于各种酱料在组织状态、酸性程度、乳化效果

神奇的马铃薯

等方面的要求均有所不同，变性淀粉的选择和使用就显得尤其重要。

马铃薯变性淀粉糊化温度低，可降低高温引起的营养与风味损失；气味温和，不会影响产品原有的风味；透明度高，可赋予酱料良好的外观形态；经筛选的小颗粒产品可提供非常光洁的表面。同时，马铃薯变性淀粉具有良好的抗老化、抗剪切、抗高温和低 pH 等特性，能够有效地防止酱料产品的沉凝和脱水现象，在一定程度上可增加乳化效果。在酱料产品中，马铃薯变性淀粉不仅可作为增稠剂使用，同时也提供给产品特定的组织结构和口感。特殊的马铃薯变性淀粉还可用于改善酱料的流变性，以增强酱料的附着性和挂壁感。

（六）在其他行业中的应用

马铃薯淀粉不仅在人们的生活生产中发挥着重要的作用，在其他行业领域也有着非常重要的作用。在现代化产业中，越来越多的生产加工过程中用马铃薯淀粉作为替代玉米淀粉、小麦淀粉、木薯淀粉等的一种重要原料，由于很强的吸水性和糊化性，在大型的染织布厂和造纸厂中将马铃薯淀粉添加到印染浆液，可以使浸染出来的布料和纸具有很好的色泽、品质更加优良。将马铃薯淀粉添加在橡胶中，既起填充作用，又起交联作用，可增强橡胶产品的强度、硬度和抗磨性。由于马铃薯淀粉具有低热量、抗氧化、促进新陈代谢的特点，所以可以将马铃薯淀粉应用在减肥产品、保健食品、功能性食品、美白产品等中。此外，马铃薯淀粉的副产物有马铃薯淀粉加工分离废水和薯渣，其中所含的有机物含量非常高，可以提取一些化学成分应用在化学生产工艺中。

第四节　马铃薯渣的综合利用技术

一、概述

在马铃薯淀粉生产过程中伴随产生大量的副产物，即以水、细胞碎片和残余颗粒为主要成分的马铃薯渣。我国马铃薯淀粉的年产量约为 35 万吨左右，而每加工获得 1 吨的淀粉就会有 0.8 吨的马铃薯渣。其中，马铃薯渣含有大量的水分及丰富的菌种，储存运输比较困难，并易腐败变质发出恶臭气味，会对环境造成一定的污染。在马铃薯的加工利用过程中产生的大量马铃薯渣若没有得到合理利用，直接丢弃或者掩埋，其产生的无机盐会污染地下水和土壤，并易造成资源的浪费（李钰铃，2019）。

二、马铃薯渣的主要成分及性质 *

（一）马铃薯渣的主要成分

马铃薯渣中含有高达 90% 的水分，此外，其化学成分主要有淀粉、纤维素、半纤维素、果胶、游离氨基酸、寡肽、多肽及灰分。其中，纤维素、半纤维素和果胶的含量较大，可以被提取并广泛应用于食品加工工业和医疗保健工业之中。马铃薯渣是果胶和膳食纤维的良好来源。然而在饲料应用方面效果不佳，因其蛋白质含量低和粗纤维含量高，使饲料的适口性较差以及动物的生理机能受到影响。

（二）马铃薯渣的性质

马铃薯渣的含水量很高且具有典型胶体的物化特性，不呈液态流体性质。水分没有与细胞壁碎片的纤维和果胶结合，直接嵌入到残存的细胞中，黏性较高，需要借助细胞膜交换到外界。常温常压下，除去马铃薯渣中的水分较为困难。

三、综合利用研究的现状 **

（一）有益物质的提取

膳食纤维和果胶是马铃薯渣中主要的有益物质，其提取工艺有沸水抽提法、酸水解法、离子交换树脂法、微生物提取法、微波提取法、超声波提取法等，通过对有益物质的提取方法进行研究改进，提高有价值的营养成分提取率，以提高马铃薯渣的综合利用率。

---

*，** 本部分内容主要参考（李钰铃，2019）。

1. 膳食纤维

膳食纤维是一种多糖，被认定为第七营养素。马铃薯渣中含有丰富的纤维素，约达 31%（以干基计），是一种安全、廉价的膳食纤维来源。与其他来源的膳食纤维一样，马铃薯渣中提取的膳食纤维具有强吸水性、持水性和膨胀性，可以降低食物脱水，防止老化和维持外观构型，对降低糖尿病、心血管病和肥胖发病率也有一定的作用。通过对马铃薯渣纤维的微观结构和红外检测研究发现，主链糖原上含有带支链的 β- 半乳聚糖和 SDF 中存在糖醛酸、可溶性的半纤维素与 β - 吡喃糖，以此依据采用耐高温 α - 淀粉酶进行处理，使从马铃薯渣中提取的膳食纤维的持水率、膨胀率等性质有了更好的提高。同时，这种膳食纤维被认为是安全的食用产品，国外许多学者将其直接作为脂肪替代物和纤维添加剂添加到食品中。

2. 果胶

果胶是来源于植物细胞壁的一种杂多糖，主要成分为 D- 半乳糖醛酸，因其具有良好的胶凝性和乳化稳定性而被广泛应用于食品和化妆品行业中。马铃薯渣中含有丰富的果胶，约达 17%（以干基计），是一种良好的果胶提取原料。提取工艺的不同对果胶也有影响，马铃薯渣通过酸法和酸法加微波提取的果胶为低酯果胶，水法提取的为高酯果胶，凝胶强度和黏度均较低。因此，可以通过化学（pH）改性、酶改性、热改性、辐照改性、接枝改性、交联改性和取代改性等改性方法，让改性后的果胶可以提高抗癌、降血脂、降重金属、抗血栓等的活性。

（二）动物饲料的制备

由于马铃薯渣的鲜基物料中粗纤维和水分含量较高，而蛋白质含量较低以及含有有毒因子的特点，使其在应用于动物饲料方面有一定的约束。有研究发现，通过熟制、混合贮存、青贮和固体发酵等方式制备饲料，可以有效地提高其营养价值，生产出高蛋白、高能量的饲料。以 15% 的马铃薯糟渣饲料替代精料玉米对奶牛产奶量无明显影响，但饲喂效果较好。

（三）化工原料的开发

马铃薯渣可应用于制备新型黏结剂、胶黏剂以及吸附材料等。通过对马铃薯渣中含有的 β- 半乳聚糖聚合而成新型纤维（PDF），其对 Hg^{2+}、Pb^{2+}、Cd^{2+} 有较好的吸附效果。以马铃薯淀粉工业废渣及黄腐酸为原料，可制备超强吸水剂和耐高温材料。利用胶体磨湿法超微粉碎及高压蒸汽处理马铃薯渣，再通过氧化改性改善其流动性，可制备与广泛应用的淀粉基瓦楞纸板黏合剂性能类似的黏合剂。

（四）制备燃料酒精、生物质混合燃料及能源气体

马铃薯渣中含有丰富的纤维素和半纤维素，纤维素酶可以将纤维质原料降解为 D- 葡萄糖，被酵母利用转化为酒精。有研究发现，不同的发酵方式有不一样的效果。采用生料同步糖化发酵法可以降低生产成本，减少可发酵性糖的损失，乙醇的产率比传统生产工艺高。马铃薯渣中含有的淀粉、纤维、蛋白质等这些有较高燃烧值的可燃物，通过冷压成型工艺，转化为生物质混合燃料，此外也可通过马铃薯渣厌氧发酵产生沼气，提高马铃薯渣在生产有机物方面的利用率。

（五）制备种曲、醋、酱油及可食性膜

工业上，马铃薯渣主要是经过发酵制备口感好、营养价值高、低成本的饲料，在这过程中种曲的制备则至关重要。制曲可以为菌种提供适宜的生长环境，有助于菌种分泌大量的纤维素酶、蛋白酶、糖化酶等，满足马铃薯渣制备饲料的发酵工艺的要求。同时，马铃薯渣中的纤维素、果胶、淀粉和蛋白质是天然的可食性物质，可以用于制备可食性膜替代塑料膜应用于包装上，减少白色污染，提高马铃薯渣的利用价值。

第五节　马铃薯淀粉生产废水资源化处理及综合利用

一、马铃薯淀粉废水的主要来源、组成、性质和特点及其对环境的危害[*]

（一）马铃薯淀粉废水的主要来源、组成、性质和特点

马铃薯淀粉废水为马铃薯淀粉生产中产生的废水，可分为三类：

---

[*]　本部分内容主要参考（李芳蓉　等，2018）。

第一类是马铃薯清洗水，主要含有小马铃薯、根、芽、叶、草和泥沙等。

第二类是马铃薯淀粉提取废水，也称蛋白废水，主要由马铃薯锉磨阶段产生，占总废水量的 10%～20%，含有大量可溶性蛋白、少量淀粉微粒和纤维等不溶物，浑浊度高，为主要污染源。

第三类是淀粉清洗水。

其中第一、三类废水可循环利用，仅蛋白废水需要处理。

蛋白废水中主要含有淀粉、纤维、蛋白质、氨基酸、有机酸、脂肪、糖类、维生素等高浓度有机物。其中，蛋白质含量为 2000～8000 毫克 / 升，化学耗氧量（COD）为 6000～30000 毫克 / 升，固体悬浮物（SS）为 8500～10000 毫克 / 升，回收利用潜力大。但直接生物降解难度高，且造成其中蛋白质等有用物质流失浪费。故处理淀粉提取废水宜以资源化利用为主、生物处理为辅。马铃薯淀粉废水的特点在于废水量随马铃薯淀粉生产季节性波动变化大。每年生产期主要集中于当年 10 月至翌年 1 月寒冷的秋冬之季，属短周期间歇性生产，同时数目众多的小型企业生产规模较小；废水蛋白质含量高，曝气处理时会产生大量泡沫。因此，废水处理难度大，且先前多数企业污水处理工艺简单，处理后废水仍难达标排放，直接污染地表水体。

（二）马铃薯淀粉废水对环境的危害

马铃薯淀粉废水属高浓度、高污染酸性有机废水，进入环境后，一则其所含有机质会自然发酵产生吲哚、H_2S、NH_3 等气体污染环境；二则其高浓度的有机质引起水体富营养化，致使各种微生物迅速生长繁殖，甚至使致病菌或有害微生物极速繁衍，严重侵害水生动物，同时因有机质的氧化反应和微生物大量繁衍耗尽水中溶解氧，导致水生生物缺氧窒息而死，严重污染相关水体及生态环境。甚至可能引起局部地区农田减产或绝收，废水存留过长会发酵产生恶臭气体，严重影响周边居民正常生活生产。《污水综合排放标准》（GB 8978—1996）规定的二级排放标准对排放水质的要求为：SS≤200 毫克 / 升，pH 为 6～9，BOD_s≤30 毫克 / 升，COD≤150 毫克 / 升。故马铃薯淀粉废水必经适当处理，才能达标排放。

二、马铃薯淀粉废水传统处理方法

国内外马铃薯淀粉废水常规处理方法主要有物理化学法和生物处理法，实际应用中二者各有利弊（李芳蓉 等，2018）。

（一）物理化学法

马铃薯淀粉废水常规处理的物理化学法包括：自然处理法、单纯曝气法和絮凝沉淀法。

1. 自然处理法

自然处理法是利用自然界生物自身在生长代谢过程不断净化淀粉废水中的有机污染物。该方法操作简便，投资少。但受诸多自然因素的影响，大面积推广难度较大。首先将马铃薯淀粉废水经由格栅沉淀之后，再用于饲养家禽，然后将废水排入氧化塘自然发酵 12 天，再依次排入水葫芦池和细绿萍池各净化 7 天，最终达到农田灌溉水质标准，用于灌溉稻田、果树和蔬菜等。

2. 单纯曝气法

所谓单纯曝气法指将废水用普通空气或含 O_3 的空气进行短时间曝气，利用空气中 O_2 或 O_3 的氧化及对挥发性物质的吹脱使废水得以净化，一般不单独使用，处理成本高、停留时间长、处理效果一般、推广受限。我国北方一些小型马铃薯淀粉厂在生产工艺和生产季节等条件不适宜采取生物处理法的情况下，采用沉淀分离与单纯曝气法组合工艺，先经沉淀分离减轻单纯曝气法的处理负荷，兼调节、稳定水质和水量，再经后续单纯曝气以保证出水达标，同时将沉淀分离过程中生成的有机酸吹脱出去，使废水 pH 接近 7。

3. 絮凝沉淀法

所谓絮凝沉淀法指向废水中加入絮凝剂，使其中的分散态有机质脱稳、凝聚，形成聚集态粗颗粒物从中分离。该法的优点：操作简便，沉淀时间短，运行成本低，应用广泛。

絮凝剂按照其化学组成分为无机絮凝剂和有机絮凝剂。无机絮凝剂包括无机凝聚剂和无机高分子絮凝剂；有机絮凝剂包括天然有机高分子絮凝剂、合成有机高分子絮凝剂和微生物絮凝剂。无机絮凝剂包括低分子铝盐和铁盐，铝盐主要有 $Al_2(SO_4)_3$、$KAl(SO_4)_2 \cdot 12H_2O$ 和 Na_3AlO_3，铁盐主要有 $FeCl_3$、$FeSO_4$ 和 $Fe_2(SO_4)_3$。无机高分子絮凝剂主要包括聚合氯化铝（PAC）、聚合硫酸铝（PAS）、聚合氯化铁（PFC）、聚合硫酸铁（PFS）等。天然有机高分子改性絮凝剂有壳聚糖、淀粉、多糖、纤维素和蛋白质等的衍生物。影响絮凝效果的关键因素为絮凝剂种类、性质和品种。实现絮凝过程优化的核心技术是积极探索和研发新型、高效的絮凝剂。

（二）生物处理法

马铃薯淀粉废水含有大量的悬浮态、溶解性或呈胶体状态的有机污染物，不含有毒物质，可生化性良好，采用生物法处理能够取得理想的去除效果。

1. 厌氧处理

厌氧法处理淀粉废水的最终产物是可作为能源回收利用的可燃气体（以 CH_4 为主）；在低费用运转的处理工艺下，剩余污泥既易于脱水浓缩，数量又少，可用作肥料；面临能源日益短缺的形势，该法属资源回收型的低能耗处理工艺，日益受到全世界重视。厌氧发酵法处理淀粉废水主要有厌氧流化床（AFB）、升流式厌氧污泥床（UASB）和厌氧接触法（ACP），以及厌氧滤池（AF）和两相厌氧消化法（TPAD）等。其中 UASB 处理法最优，能耗低、剩余污泥少、处理效率高。UASB 内水流方向与产气上升方向一致，既减少了堵塞概率，更加强了对污泥床的搅拌混合作用，有利于微生物与进水基质间接触混合及颗粒污泥的形成。该工艺投资省、运行费用低、操作简便，且产生可供利用的沼气，获得较好的经济效益和环境效益。

2. 好氧处理

相较于厌氧法，处理淀粉加工废水时好氧生物法不足之处较多，如需要充氧、无能量回收、微生物所需营养多、动力消耗大和污泥量大等，仅适合低浓度有机废水处理。通常淀粉废水 COD 较高，故其处理中较少单独应用好氧处理法。好氧处理法主要有生物氧化塘法、接触氧化法和 SBR 法（序列间歇式活性污泥法，Sequencing Batch Reactor Activated Sludge Process）。好氧生物法多用于淀粉废水处理的后续处理。

3. 厌氧、好氧联合处理

因淀粉废水有机负荷高，处理难度大，仅单一生物处理较难达到理想效果，故多采用厌氧、好氧联合处理。该处理系统具有处理效果稳定、耐冲击负荷、运行费用低且管理简单等优点。

三、马铃薯淀粉废水资源化利用处理 *

（一）蛋白质的回收

回收淀粉废水中的蛋白质主要是将其中溶解性蛋白质提取出来作为饲料蛋白或者他用，为其后续生物处理减轻负荷。当前主要有以下三种方法。

1. 絮凝沉淀法

此法通过添加绿色无毒絮凝剂，使蛋白质胶体脱稳沉淀析出，处理成本低，回收效果明显。此类絮凝剂有蒙脱土、海藻酸钠、羧甲基纤维素、生物絮凝剂、壳聚糖等天然絮凝剂，其中中、小型企业回收马铃薯蛋白最适合使用羧甲基纤维素。

2. 超滤法

目前超滤技术是回收蛋白质常用的方法。超滤法是依靠半透膜选择透过性，以压力或浓度为驱动力，截留废水中蛋白质。膜分离技术过滤过程简单、易于控制，已广泛应用于各行业，而且兼有分离、浓缩、纯化和精制功能，以及高效、节能、环保和分子级过滤等特征。常用超滤膜有醋酸纤维素膜、聚砜膜、聚酰胺膜等。采用此法处理马铃薯淀粉生产废水，既属处理效果好的纯物理过程，不引入化学试剂，无二次污染，又属环保性水处理方法。高效节能的超滤法在回收过程中保持常温又不添加药剂，保证了回收蛋白质的质量和安全性。超滤法设备投资较高，适宜大型企业，且超滤膜易吸附蛋白质、糖类等，造成膜堵塞和膜污染影响持续工作，可通过改变膜特性、渗透条件和料液湍流程度等方式来减轻膜堵塞。

---

* 本部分内容主要参考（李芳蓉 等，2018）。

3. 单细胞蛋白的回收

某些菌种本身含有丰富的蛋白质，又能利用废水中营养物质生产蛋白质，可用来提取单细胞蛋白。

（二）利用马铃薯淀粉废水生产能源气体

将高浓度淀粉废水利用产 CH_4 细菌在高效厌氧条件下处理，能生产可作为燃料使用的 CH_4 气体。资源化利用淀粉废水生产 CH_4 气体是最好选择之一，可通过在中、大型淀粉加工企业配套 CH_4 气体的精制、罐装和运输设备来实现。

（三）利用马铃薯淀粉废水生产微生物絮凝剂

微生物絮凝剂是由微生物产生的具有絮凝活性的有机高分子，可生物降解，降解产物对生态环境无害，以淀粉废水为培养基进行工业化生产可有效降低生产成本。已广泛用于淀粉废水处理，其活性高，絮凝范围广，通常不受 pH、温度及离子强度等影响。

（四）利用马铃薯淀粉废水生产微生物油脂

淀粉废水中的有机物能够被某些菌株利用于生长繁殖而生产微生物油脂，是以低成本获得生物柴油的重要途径。以马铃薯淀粉废水为培养基，可筛选获取产油真菌，为生物柴油提供廉价油脂源。

（五）利用马铃薯淀粉废水生产多糖

普鲁兰多糖是一种由出芽短梗霉发酵所产生的类似葡聚糖、黄原胶的胞外水溶性黏质多糖。因其具有良好成膜、成纤维、阻气、粘接、易加工、无毒性等特性，已广泛应用于医药、食品、化工和石油等领域。

第六章 文学艺术中的马铃薯

在内涵丰富的中国马铃薯文化中，马铃薯与文学艺术有着深厚的渊源。马铃薯在百姓的眼里可以与"油盐酱醋"为伍，在文人、艺术家心里与"琴棋书画"等高雅之事为伴。它是古今百姓、文人生活的重要内容之一，也是百姓、文人进行文学艺术创作的重要题材和手段。文学艺术与马铃薯完美结合，使得马铃薯这一脆嫩的绿叶负载起丰富的文化内涵，包含了极为愉悦的审美体验（张祚恬 等，2019）。

第一节 文学作品中的马铃薯

一、以马铃薯具名的文学流派

当代中国文学史上著名的"山药蛋派"，形成于 20 世纪 50—60 年代中期。特点为：农村题材、文风质朴、具有"山药蛋"的土味。马铃薯也是这个流派中常常出现的文学元素，如该流派的代表人物赵树理就曾在《小二黑结婚》中把马铃薯描述成小二黑和小芹最喜欢的食物。从中可以很明显地看出，马铃薯作为一种多用途的农作物，既可以作为美味的菜肴，调剂味道，又可以用作充饥的主粮。

不难发现，这些文学作品中描写的马铃薯，不仅表达了书中人物对马铃薯的口腹之欲，还起到了塑造人物、推动作品情节等作用（叶庆隆 等，2021）。

二、马铃薯与小说

路遥先生是当代著名作家，生于陕北，长于陕北，在他的作品中，马铃薯这一被陕北人民称为离了就做不了饭的食物，频繁出现。在《人生》中，他写道："黄土高原八月的田野是极其迷人的，远方的千山万岭，只有这个时候才用惹眼的绿色装扮起来。大川道里，玉米已经一人多高……山坡上，蔓豆、小豆、黄豆、土豆，都在开花，红、黄、白、蓝，点缀在无边无涯的绿色之间。"这段描写生动地展现了陕北黄土高原盛夏的美景。

《平凡的世界》中，马铃薯也常常出现。孙少平在县立高中读书时候，马铃薯、大白菜和粉条作为甲等菜，是家境贫寒的他所不能企及的食物，而这就是路遥年少时生活的真实写照；孙玉亭最初在太原钢铁厂当工人，后来在三年困难时期辞职回家当了农民，关于辞职回家的原因，路遥借孙玉亭之口讲了出来，就是"每个月的工资，不够买一麻袋马铃薯"。在这句话中，他把马铃薯当作工人收入和农民收入的一般等价物，说明在当时粮食短缺的条件下，马铃薯已经是中国城乡居民口粮的重要补充，有着其他农作物无法比拟的影响力。而在《在困难的日子》中，路遥通过大段的文字："这下我可不能按我的方式来吃这五颗烧土豆了！所谓我的方式无非像俗话说的：狼吞虎咽。但现在这种我所乐意的'方式'不可能了；我不愿意在一个女生面前展览我的饿相。当一个人的平和宁静被破坏以后，心中的恼怒是可想而知的。"生动描写了马建强在吴亚玲面前，既想保持自己最基本的面子，又想痛快地吃烧土豆的矛盾心理，借助马铃薯这个平凡但却难以获得的食物，表现了底层民众生活的艰辛，刻画出一个青春期少年的真实心理活动（叶庆隆 等，2021）。

三、马铃薯与散文

与小说、诗歌等文体相比，散文作为与人们真实生活和朴素人生智慧息息相关的一种文学形式，可能最具有现实感、真实性以及时代特色，其问题意识往往也较强，能将历史作为镜鉴映照世道人心，具有很好的继承性（王兆胜，2018）。

中国是个文明古国，我们的祖先很早就开始写文章了。我们的散文也有数千年的历史，前人给我们留下了许多传唱千古的散文名篇。当然，随着马铃薯引入我国，逐渐发展并深入生活、经济和社会文化领域，以马铃薯为主题的散文也渐渐出现。

国内有关马铃薯题材的散文作品非常多，主要描写马铃薯及相关的人和事，表达真情实感，如《洋芋花开》（作者：涉陟）、《洋芋情不了》（作者：尤屹峰）、《马铃薯的自述》（作者：吴一丹）、《洋芋花开赛牡丹》（作者：徐云峰）、《马铃薯》（作者：汪曾祺）等（张祚恬 等，2019）。

四、马铃薯与报告文学

报告文学是从新闻报道和纪实散文生成并独立出来的一种新闻与文学结合的散文体裁，也是一种以文学手法及时反映和评论现实生活中的真人真事的新闻文体。

国内以马铃薯为题材的报告文学作品主要是《土豆天下》。《土豆天下》是甘肃定西市作家协会杨文学写的一部反映定西马铃薯种植文化的长篇报告文学，很值得一读。该书以定西近年来马铃薯发展历史为主线，通过全景式的叙述，用大量真实感人的事实，图文并茂，详细叙述了定西的马铃薯种植史。

全书以一个文化人的眼光来体现时代精神和地域特色，弘扬主旋律，坚持思想性、艺术性、观赏性相统一。对于来过这里的党和国家主要领导人，注重史实，浓彩重笔，工笔细描。对于指导当地马铃薯产业的主要领导，则通过正面活动和细节描写。书中有反映陇中当代社会发展的通俗民谣、临近失传的"花儿"和当代诗人们创作的反映马铃薯种植的精美诗文，也有几次大型马铃薯贸易洽谈会的盛况。通过全景式的叙述，以历史的时间顺序为经，以自然人事为纬，大处着眼、小处着笔，通过对乡干部、群众、当地政府和马铃薯客商的不同描写，勾勒出一幅当代中社会发展的历史长卷。该作品获得由中国文联等单位联合举办的"中国时代新闻人物优秀报告文学"二等奖（张祚恬 等，2019）。

五、马铃薯与诗词

诗是人性在语言艺术中的隐喻，是美在现实生活中的文字呈现，它亦是人类文明的标志之一。从某种意义上讲，一个没有诗歌的民族是一个野蛮的民族。中华民族有着十分悠久的诗歌传统，中国自古以来就是诗歌的泱泱大国。中华诗词源远流长，精美博大，它既是我国文学宝库中璀璨的瑰宝，又是中华民族精神的瑰丽花朵。

马铃薯刚刚引入中国 300 余年前，由于传播范围不广、种植面积不大等多种原因，一些文献和诗词未见述及有关马铃薯事项。随着马铃薯在全国各地迅速推广种植，许多文人雅士，农、工、百姓，甚至政府官员，纷纷写诗作词，反映马铃薯的种植、育种、加工和食用过程，盛赞马铃薯给人们带来的佳肴与财富，也抒发农民的喜悦与哀怨。这些诗词不仅是优良的文艺珍品，也具有相当的科学价值与历史意义。

比较有代表性的作品有《洋芋花开了·外二首》（作者：单永珍）、《悠悠故乡洋芋情》（原创现代）、《土豆花开·外三首》（作者：高启）、《马铃薯赋》（作者：刘新民）等。其中毛泽东同志的《念奴娇·鸟儿问答》也出现了"还有吃的，土豆烧熟了，再加牛肉。"（张祚恬 等，2019）。

六、马铃薯与谚语

《中国谚语集成》对谚语的界定是："谚语是民间集体创造、广为口传、言简意赅并较为定型的艺术语句，是民众丰富智慧和普遍经验的规律性总结。"（中国民间文学集成全国编辑委员会，1989）。如"六月连阴吃饱饭""阴山豌豆阳山糜，高山莜麦堆成堆""黑土玉米黄土麦，沙土山药真不赖"，是自然和生产经验的总结。又如"地主吃肉还嫌肥，我吃山药不剥皮""糠菜半年粮，山药度饥荒"，是旧社会劳动人民的写照。谚语文辞简练、押韵和谐，具有易讲、易记、便于交口相传的特点，但包含的道理却相当深刻。所以，马铃薯谚语也是马铃薯文化的重要组成部分。

马铃薯谚语就其内容或性质可分为马铃薯食用和马铃薯生产两类。换句话说，马铃薯谚语主要来源于马铃薯食用和马铃薯生产实践，是一种马铃薯食用和生产经验的概括或表述，并通过谚语形式，采用口传心记的办法来保存和流传。所以，马铃薯谚语不只是我国马铃薯文化或马铃薯学的一种宝贵遗产，从创作或文学的角度来看，它还是我国民间文学中一枝娟秀的馨花。

目前，我国各地的马铃薯谚语十分丰富。从马铃薯谚语中，可以看到很多有关马铃薯选地、选种、种植、管理、收获、贮藏及食用经验，它很好地说明了文化发掘对生产、经济的直接促进作用。现以内蒙古地区为主，选录部分马铃薯谚语如下（张祚恬 等，2019）。

（一）种植马铃薯的重要意义

内蒙古"三件宝"，"山药、莜面、大皮袄"。

脱贫致富奔小康，多种山药多打粮。

五谷不收也不患，只要二亩山药蛋（山西）。

（二）马铃薯种植与田间管理

谷雨到立夏，正好种山药。

沙板地（沙壤土），土层厚，结下的山药赛金豆。

地膜覆盖就是好，保墒提温防杂草。

山药要种"沙盖垆"，种薯要选脱毒薯。

土壤缺肥地发瘦，种下的山药"一窝猴"。

山药不上粪，不减产还有甚。

花期缺水没山药。

山药开花，一水回家。

山药喜欢跑马水。

三月的山药结蛋蛋，四月的山药长蔓蔓。

山药早种，等于上粪。

一株不治害一片，今年不治祸明年。

三分种，七分管，十分收成才保险。

早锄三天苗发旺，迟锄三天苗发黄。

山药创成窝，一苗能起一簸箩。

地冻车头响，山药萝卜正猛长。

（三）马铃薯收获与贮藏

山药挖破蛋，一亩起一万。

寒露起薯，霜降开园。

十月寒露霜降至，收割晚稻又挖薯（湖南）。

山药才入窖，窖口哈哈笑。

山药到天冷，窖口把嘴抿。

冬至七八天，窖口看不见。

（四）马铃薯食用

山药是宝中宝，顿顿饭离不了。

山药鱼鱼炖汤汤，吞的老汉咳洋洋。

山药真不赖，又顶饭来又顶菜。

七、马铃薯与其他

（一）马铃薯与楹联（张尚智，2016）

陇原米粮仓，安定金豆库。

安定扬帆破巨浪，土豆潮头唱大风。

陇中薯豆佳天下，安定金蛋跃龙门。

产业频频传捷报，洋芋颗颗唱新曲。

农家致富三件宝，洋芋畜草劳务好。

一方水土马铃薯，四面物流出国门。

百姓锄落创金玉，黎元合唱致富歌。

爱民奠基小康路，薯田谱写大文章。

春种希望马铃薯，秋收硕果金蛋蛋。

广种洋芋拓富路，科技兴农开新天。

洋芋产业大发展，土豆文化更灿烂。

农业战线粮作帅，洋芋贵为先行官。

千年黄土变成金，万家灯火庆升平。

春阳高照暖四海，洋芋花开香万家。

做官一任民是本，芋田万亩薯为天。

洋芋工程奠富基，爱民日课写新章。

治安定造福一方，挖穷根薯富万家。

薯条薯片不厌百吃，素醇荤炒宴待千客。

种洋芋覆地地生金，靠科技翻天天更新。

种洋芋遍张王李赵，挖金蛋运东南西北。

黄土生金，千家门庭添福气；洋芋献岁，万里神州尽春风。

三大产业开盛纪，造一方福地；万亩薯田庆更新，保千年安定。

黄土镀金，天安地安县安定；薯田献岁，家和人和国和谐。

立治县长策，三大产业三财路；以科技兴农，一寸黄土一寸金。

洋芋精，念洋芋经，洋芋变成金；安定人，走安定路，安定穷变富。

保持品牌陇中薯乡誉满华夏，发挥优势定西洋芋远销海外。

减二千年税赋，山同乐，水同乐，神州同乐；种百万亩薯田，国安定，民安定，赤县安定。

曾为桑田，土豆养育斯民，充饥果腹千百年；今逢盛世，金蛋跻身市场，建设小康万古长。

（二）马铃薯与歇后语（张祚恬 等，2019）

炉坑窑子烧山药——灰圪蛋（内蒙古）。

大母吃山药——满嘯胡哪（内蒙古）。

电线杆上放（挂）土豆——大小是个头。

母猪遛土豆——全凭一张嘴（全仗嘴）。

焖山药不盖锅盖——大走气（内蒙古）。

夹生焖山药——硬圪蛋（内蒙古）。

大母猪掉进山药窖——因祸得福。

（三）马铃薯与谜语（张祚恬 等，2019）

顶开花，下结子，大人小孩吃到死（打一植物名）。（谜底：马铃薯）

紫秆秆，绿叶叶，瓜儿结在地底下（打一植物名）。（谜底："紫花白"马铃薯）

一物长得贵，一生土中埋，外貌圆圪蛋，人人离不开（打一植物名）。（谜底：马铃薯）

像马不是马，中间带马铃；似鼠不是鼠，一生钻土中（打一植物名）。（谜底：马铃薯）

马揪着老鼠的衣服把它提了起来（打一植物名）。（谜底："马拎鼠"，即马铃薯）

纵横交错，前前后后（打两字植物名称）。（谜底：土豆）

谜解："纵（｜）""横（—）"交"错（—）"（考试的是非题中"—"代表"错"），合为"土"字；"前"字之前和"后"字之后合为"豆"字。

第二节　艺术作品中的马铃薯

一、马铃薯与民歌

陕北传统民歌《刨洋芋》是陕北人民抒发感情、咏唱生活的艺术，或高亢粗犷，或悠扬质朴，具有鲜明的地域性。陕北民歌《刨洋芋》采用传统"信天游"的手法，借"刨洋芋"这一场景，抒发了青年男女对爱情的美好向往。男子"刨上洋芋牛惧停，山洼洼站着我那心上老命命""洋芋开花结溜溜，哥哥我心底善良人样丑"，唱词质朴率真，韵调工整；女子"不丑不丑实不丑，我在那洋芋地里等你在山沟沟"，语言不遮不掩，爽快明朗，具有陕北传统民歌的特性。

陕北民歌《土豆歌》是由陕西省榆林市定边县学庄乡杜庄村的杜志宏演唱的。曹军民是延安山丹丹文化艺术发展有限公司的董事长兼总经理，《土豆歌》

是他与张学理、刘乐两位老师为杜志宏精心打造的一首民歌作品。

《土豆歌》的唱词采取写实与抒情相结合的手法，分 4 个段落逐层推进。在描述马铃薯的种植环境、经典食物时，写到"黄土里生，黄土里钻，黄土地就爱这土蛋蛋""洋芋檫檫大头蒜，宽粉条条老瓷碗，烩的炖的蒸的炒的，陕北人就爱吃洋芋蛋"；在表达对生活的期盼时写到"女人的泪，男人的汗，大老镢刨出那一片天，一片天。百姓的汗，幸福的愿，好日子就在这土里面"。朴素、平实的语言，表达了马铃薯在陕北人民心中的重要地位，以及人民群众对这个"金蛋蛋"的喜爱和对未来美好生活的期盼。

《土豆歌》应用了陕北民歌的艺术特色和歌唱方法，以"金蛋蛋"起兴，以"金蛋蛋"来传达人们对它的喜爱，以及寄予它"刨出一片天"的希冀；"白花花开，心窝窝暖"也象征着乡村农家团结恩爱和对美好生活的热爱与憧憬。

陕北新民歌《土豆花》是由张灵茹作词，陕西米脂籍音乐制作人少东作曲、陕北民歌手野强强演唱的一首新派民歌。沿袭了陕北民歌借物抒情的风格，歌曲以"前面是圪梁梁，后面是背洼洼，绊着妹妹的毛眼眼，是满山的土豆花"布设情景，紧接着借"土豆花"而抒发女子对情人的思念和牵挂，"那是紫格丢丢的情，那是白格亮亮的爱，那是小妹妹倾诉的衷肠，泪汪汪追着心上的她；那是湿格漉漉的想，那是眼格巴巴的盼，那是情哥哥滚烫的思念，口弦弦声里飞回了家"，听起来如泣如诉，动人心弦。

歌曲中大量应用陕北原生态的叠词，如"紫格丢丢""白格亮亮""湿格漉漉""眼格巴巴"等，表意细腻、真挚，充满温情，使情感表达更加丰富而深层，展现了陕北民歌浓郁的乡土气息和鲜明的地域色彩（叶庆隆 等，2021）。

二、马铃薯与戏剧

描写马铃薯产业的戏剧是马铃薯文化的一个重要部分。马铃薯的生产、贸易和消费，使之成为社会生产、社会文化和社会生活的一个重要方面，自然也就不可能不被戏剧所吸收和反映。所以，我国各地的许多戏剧都有马铃薯的内容、场景，有的甚至全剧以马铃薯产业为背景和题材。代表作品有内蒙古二人台《打樱桃》、二人台《卖山药》（河北省张家口青年晋剧团，该剧为河北省第七届戏剧

神奇的马铃薯

大赛获奖节目）、大型现代秦剧《泛金的金土地》（甘肃省定西市秦剧团）（张祚恬 等，2019）。

三、马铃薯与绘画

国内外马铃薯题材的绘画作品很多，但比较著名的是荷兰后印象派画家梵高，他似乎有着很浓的马铃薯情节，先后创作出《吃土豆的人》（图 6-1）、《一篮土豆》（图 6-2）、《马铃薯播种者》（图 6-3）、《挖土豆的人》《挖土豆的农妇》等马铃薯主题作品，是名副其实的"马铃薯画家"。梵高的作品表现出了很强的农民情结，他似乎很想成为一位农民画家，其原因可能是受到"精神导师"米勒的影响，更重要的可能是内心深处对乡间生活的向往、对淳朴农民的尊敬和对诚实劳动的赞美（张尚智，2016）。

（一）《吃土豆的人》

《吃土豆的人》（荷兰文：De Aardappeleters，英文：The Potato Eaters）是荷兰后印象派画家文森特·威廉·梵高创作于 1885 年的一幅油画。该画现藏于阿姆斯特丹的梵高博物馆。这幅油画尺寸为 82 厘米 ×114 厘米（32.3 英寸①×44.9 英寸）。

在画里，梵高用粗陋的模特来显示真正的平民。画家自己说："我想传达的观点是，借着一个油灯的光线，吃马铃薯的人用他们同一双在土地上工作的手从盘子里抓起马铃薯——他们诚实地自食其力。"画面充满了宗教情感和对农民的敬爱。

（二）《祈祷土豆丰收》（又名《晚祷》）

米勒，19 世纪法国现实主义艺术大师，喜欢描绘农民生活，梵高的精神导师。梵高许多作品受其影响并临摹过其许多作品。《晚祷》（图 6-4）是他最知名的作品之一。这幅画作于 1857 年时题目是"祈祷土豆丰收"，但是后来订画的人没来取货，米勒才又加了一座小小的教堂尖塔，更名为"晚祷"。

---

① 1 英寸 =2.54 厘米，下同。

图 6-1　《吃土豆的人》——梵高

图 6-2　《一篮土豆》——梵高

图 6-3　《马铃薯播种者》——梵高

图 6-4　《晚祷》——米勒

（三）《颂扬马铃薯》系列画

日本艺术家 Tadayuki Noguchii 曾举办了一次马铃薯题材系列绘画作品展览。展览由秘鲁常驻粮农组织副代表 Felix Denegri 主持。Tadayuki Noguchii 在长达25 年的时间里，用水彩和油彩记录了秘鲁中部高原马铃薯种植者的日常生活，重点描绘了他们的农业生态和文化遗产。

四、马铃薯与影视作品

抗日战争、解放战争期间，陕北作为抗敌求解放的总后方和指挥中心，是日军虎视眈眈和国民党军队围追堵截的重要目标。整个解放战争期间，这里发生了大大小小上百次战役，毛泽东主席领导中国共产党和中国人民解放军，依靠人民的力量，取得了全面胜利。但从众多解放题材的影片中反映出的"洋芋"画面，也可以称之为"洋芋加步枪"。如 1984 年西安电影厂拍摄的电影《默默的小理河》，反映的是解放战争期间发生在榆林子洲农村一个狭小院落里的战斗。在这部影片中，靠双手在黄土里抠日月的"爷爷"以种马铃薯和五谷杂粮为生，对"红军""白军"不闻不问，但亲历了"白军"无辜打死自己的小狗和发生在自家小院的这场战斗后，他的立场改变了，他除了多次给游击队的"大胡子"送去谷米、洋芋等吃食外，还把自己的独子也送去参加了解放军。

1988 年八一电影制片厂拍摄的国庆四十四周年献礼片《巍巍昆仑》，描写了以毛泽东主席为首的中共中央转战陕北的史实，多次出现中央首长在转战途中食用马铃薯的片段，他们谈笑中运筹帷幄，粉碎了蒋介石的"黄河战略"，使陕北战事和全国战局从战略防御阶段转向战略反攻。

西安电影制片厂出品的电影《人生》，描写了 20 世纪 80 年代发生在黄土高原的一场爱情悲剧。剧中主角高加林和刘巧珍的饭碗里也频频出现马铃薯。热播电视剧《山海情》中，马铃薯是出镜率最高的饭菜：张书记和马德福入村解决问题时，在村民家派饭，吃的是马铃薯；水花男人安永富在挖水窖时，水花做菜用的是马铃薯；马德宝挨父亲马喊水打骂时候，冤屈地说："早晨煮洋芋，中午蒸洋芋，晚上烤洋芋，够了！"

进入 21 世纪以来，艺术表现形式的增多，微视频的出现使更多人都能够参与到电影的制作中来，而马铃薯也随着微视频的传播更多地进入人们的视野。《一碗洋芋面》《洋芋花开东林香》等微视频作品真实地表现出马铃薯已经不仅仅是陕北人民不可替代的食物，更是寄托在黄土高原上最深刻的爱（叶庆隆 等，2021）。

五、马铃薯与其他

（一）马铃薯与小品（张祚恬 等，2019）

2010 年春节联欢晚会上，蔡明、郭达、黄杨、郭笑表演了小品《家有毕业生》。

剧情简介：蔡明和郭达饰一对中年夫妻，儿子郭笑大学毕业没找到合适的工作，卖起了土豆。因心疼儿子，蔡明偷偷雇黄杨把儿子的土豆买了，每买 1 斤①就给对方三角钱提成。郭达看见儿子的销售量节节高升，便出门去找儿子商量多进些土豆。他刚出门，黄杨就进了门，黄杨向蔡明表示她按照协议大量收购的土豆已经滞销，想撕毁买卖协议。蔡明一听急了："怎么能单方撕毁协议呢？你现在和我儿子已经绑定了。"正在此时郭达回来了，听见"绑定"一词，误以为黄杨和儿子搞对象。而这时郭笑也回来了。郭达说两个年轻人最好赶紧结婚，生个大胖小子。听到这，黄杨急了："怎么还要生儿子呀！"蔡明只好说出真相。郭达责怪蔡明惯坏儿子。随后，郭笑说出自己的规划：成立土豆一条龙销售公司，把生意做大。

（二）马铃薯与雕塑（张尚智，2016）

1. 世界最大的可食用土豆泥雕塑

2010 年 12 月 7 日，在浙江农林大学第四届美食节上，出现了一个大明星土豆。大约 2588 斤马铃薯，在 8 名厨师 6 个小时的精雕细琢下，做成一个宽 2.48 米、长 2.58 米、高 0.7 米的雕塑。再仔细一瞧，就是浙江农林大学校园全貌，有山有水，有绿有橙。这全部是马铃薯？厨师们揭秘说，主要材料是马铃薯，先做成冷盘，然后再用核桃仁、芝麻、松仁等和成泥，经蔬果汁调色后才达到这样惟妙惟肖的效果。

2. "中国马铃薯之都"标志性雕塑设计方案评选

2009 年 6 月 16 日下午，历时两个半月的"中国马铃薯之都"标志性雕塑设计方案征集、评选工作落下帷幕。此次活动 4 月 13 日在新浪网、中国雕塑网等网站公开发布了征集启示，在规定时间内共收到全国各地 52 幅雕塑作品，聘请了内蒙古自治区及乌兰察布市 14 位资深专家担任评委，作品展示采取现场图片展示和多媒体展示两种方式，评审采取无记名方式投票，现场公布投票结果，充分体现了公开、公平、公正的原则。通过评委的三轮认真评审，产生了 10 幅入围作品，从中评选出了 5 幅作品获得一、二、三等奖，分别为：

一等奖 1 件：作者王鹏瑞（内蒙古大学艺术学院教授、硕士生导师）和李亚

---

① 1 斤 = 0.5 千克。

平（内蒙古师范大学雕塑艺术研究院教授、硕士生导师）。

二等奖 2 件：作者武星宽；王鹏瑞。

三等奖 2 件：作者李亚平和王鹏瑞；郭建文。

（三）马铃薯与舞蹈（张祚恬 等，2019）

《薯都情》（舞蹈）是内蒙古集宁区乐之斐艺术学校第三届艺术节表演节目。

舞蹈通过一群活泼可爱的儿童的精彩表演，再现中国马铃薯之都——乌兰察布市马铃薯的种植、生长、管理、收获以及喜庆丰收的优美、感人场景，表现出乌兰察布市人民与马铃薯结下的不解之情。

《薯都情》舞蹈被选为 2010 年乌兰察布市春节晚会节目，受到好评。

（四）马铃薯与剪纸（张尚智，2016）

1.《让土豆飞》

2013 年，第五届中国（滕州）马铃薯节盛大举行。为庆祝该节，剪纸传承人石洪霞花费大量精力，剪出了一幅长达 3.25 米的《让土豆飞》，以表达自己的祝福。

整幅作品长 3.25 米、高 1.18 米，主体部分呈现的是凤凰携土豆展翅腾飞。图中，翱翔的凤凰回眸注视着土豆，看其在祥云中翩翩起舞，预示着这些让农民发家致富的"金蛋蛋"即将孵化出带动农村飞速发展的"金凤凰"。在凤之首和凰之尾，灵泉山与鲁班堤若隐若现、遥相呼应，续写着"凤赐福、土生金"的劳动神话，表达着"土豆飞起来，农民富起来"的淳朴愿望。作品左上方"让土豆飞"的主题十分醒目，"界河无界，土豆不土"的口号恰恰是对作品最好的写照。"贺中国（滕州）马铃薯节"的字样，表达着石洪霞祝福本届马铃薯节圆满成功的心情。整幅作品设计巧妙，寓意深刻，可以看出石洪霞用了多少心思。

2.《清明界河图》

2014 年，中国国际薯业博览会暨第六届中国（滕州）马铃薯节在滕州市盛大开幕。为庆祝"薯博会"的到来，滕州市"非遗传承人"石洪霞剪出《清明界河图》，表达自己喜悦的心情和对"薯博会"美好的祝愿。

整幅作品长 6.80 米、宽 0.68 米，展现了马铃薯诞生的一个神话传说。在祥云环绕、山清水秀的灵泉山下、界河之畔，"金蛋蛋"诞生了。

作品中间是座连接桥，一匹奔腾的骏马驰骋在桥上，马背上一只写有"丰"字图案的马铃薯，凌空欲飞，引人遐想；桥的上方龙泉塔高耸入云，倒映水中，美不胜收；桥的右边，凤尾凌空，庄稼地里展现出人们播种马铃薯的繁忙，洋溢着人们收获马铃薯的喜悦；背景图案是林立的高楼大厦，还有直插云霄的高架桥……作品的最后部分由一艘"中国梦"号巨轮承载着"我的中国梦"，在五星红旗的映照下迎着朝阳驶向美好远方。

3. 马铃薯从播种到收获的系列剪纸图

在 2008 第三届中国（宁夏·西海固）马铃薯节开幕式现场，举办了马铃薯书画作品展，作品中多为马铃薯从播种到收获的系列剪纸。

（五）马铃薯与摄影（张尚智，2016）

为了庆祝 2008 年的"国际马铃薯年"，联合国在全世界范围内开展了一项以"捕捉土豆风采"为主题的摄影大赛，以此提升小土豆的形象。

据联合国世界粮食计划署介绍，这项比赛旨在突出马铃薯在抗击饥饿和贫困方面所发挥的重要作用，世界各地的摄影师可提交以马铃薯为主题的摄影作品。

联合国粮农组织块茎作物专家内班比·鲁塔拉迪奥说："通过对马铃薯的研究，摄影师们会发现有很多可做题材。"联合国粮农组织在一项声明中表示，作为"国际马铃薯年"的庆祝活动之一，这项摄影比赛将使"全世界进一步意识到马铃薯对农业、经济及世界粮食安全所做出的重要贡献"。位于罗马的联合国粮农组织发出声明："培育健全的马铃薯产业体系有助于世界各国实现千年发展目标。"该声明提出，摄影师们"要通过作品展现马铃薯的生物多样性、耕种方式、加工、贸易、推广、消费及用途，从而彰显'国际马铃薯年'的精神"。

联合国粮农组织称，马铃薯是仅次于大米、小麦和玉米的世界第四大粮食作物，目前全世界共有100多个国家种植马铃薯，世界年产量超过3亿吨。该摄影大赛由日本尼康相机制造公司提供赞助，分为专业组和业余组，奖金总额达到7200欧元（合1.1万美元）。获奖结果如下。

（1）专业组获奖

一等奖：作者 Eitan Abramovich，国别秘鲁，《本地土豆的收获》（图 6-5）；

二等奖：作者 Pablo Balbontin，国别西班牙，《生物多样化的保护者》（图 6-6）；

三等奖：作者 Viktor Drachev，国别白俄罗斯，《吃土豆的白俄罗斯士兵们》（图 6-7）。

（2）业余组获奖

一等奖：作者黄晞，国别中国，《无题》（图 6-8）；

二等奖：作者 Dick Gerstmeijer，国别荷兰，《挖土豆》（图 6-9）；

三等奖：作者 Marlene Singh，国别菲律宾，《竹船》（图 6-10）。

图 6-5　《本地土豆的收获》——Eitan Abramovich

图 6-6　《生物多样化的保护者》——Pablo Balbontin

图 6-7　《吃土豆的白俄罗斯士兵们》——Viktor Drachev

图 6-8　《无题》——黄晞

图 6-9 《挖土豆》——Dick Gerstmeijer

图 6-10 《竹船》——Marlene Singh

◀◀◀ 主要参考文献 ▶▶▶

曹健，杨秋，赫新洲，等，2011. 有机肥对红葱生长和产量及土壤肥力的影响 [J]. 中国农学通报，27（16）：266-272.

曹先维，全锋，陈洪，等，2012. 广东冬种马铃薯优质高产栽培实用技术 [M]. 广州：华南理工大学出版社.

丛小甫，2002. 中国马铃薯全粉加工业现状 [J]. 食品科学（8）：348-352.

高文霞，2018. 马铃薯食品加工技术与研发现状 [J]. 现代食品（1）：128-130.

郭楠，叶金鹏，林亚玲，等，2014. 速冻马铃薯条加工工艺技术的研究进展 [J]. 农机化研究，36（11）：261-264.

郝琴，王金刚，2011. 马铃薯深加工系列产品生产工艺综述 [J]. 粮食与食品工业，18（5）：12-14.

贺加永，2020. 中国马铃薯产业发展现状及建议 [J]. 农业展望，16（9）：34-39.

黄珂，2002. 美哉马铃薯 [J]. 食品与生活（1）：28-29.

黄强，舒婷，刘小龙，等，2018. 马铃薯的营养价值概述 [J]. 现代食品（16）：58-59.

康文宇，2002. 马铃薯颗粒全粉加工中细胞抗破损机理的初步研究 [D]. 北京：中国农业科学院.

李芳蓉，贺莉萍，王英，等，2018. 马铃薯淀粉生产废水资源化处理及综合利用 [J]. 粮食与饲料工业（6）：35-41.

李凤云，2002. 马铃薯薯片制品的种类及加工工艺简介 [J]. 中国马铃薯（5）：311-314.

李富利，2012. 浅议马铃薯全粉 [J]. 内蒙古农业科技（1）：133-134.

李辉尚，赵鑫，郭昕竺，等，2019. 欧美主要国家马铃薯消费及其对中国马铃薯产业发展的启示 [J]. 农业展望，15（11）：123-128.

李明月，陈志成，2016. 马铃薯全粉的生产工艺及应用前景 [J]. 粮食与食品工业，23（5）：

39-42.

李树君，2014. 马铃薯加工学 [M]. 北京：中国农业出版社.

李钰铃，2019. 马铃薯渣综合利用研究现状及进展 [J]. 云南化工，46（5）：38-40.

刘洋，高明杰，何威明，等，2014. 世界马铃薯生产发展基本态势及特点 [J]. 中国农学通报，
　　30（20）：78-86.

罗其友，伦闰琪，高明杰，等，2022. 2021—2025 年我国马铃薯产业高质量发展战略路径 [J].
　　中国农业资源与区划，43（3）：37-45.

门福义，刘梦云，1995. 马铃薯栽培生理 [M]. 北京：中国农业出版社.

农业部优质农产品开发服务中心，2017. 马铃薯优质高产高效生产关键技术 [M]. 北京：中国农
　　业科学技术出版社.

彭鑫君，吴刚，杨延辰，等，2007. 马铃薯颗粒全粉与雪花全粉的生产应用 [J]. 粮油食品科技
　　（4）：12-13.

秦军红，李文娟，卢肖平，等，2016. 世界马铃薯产业发展概况 [C]//.2016 年中国马铃薯大会
　　论文集. 哈尔滨：哈尔滨地图出版社.

屈冬玉，谢开云，2008. 中国人如何吃马铃薯 [M]. 北京：八方文化创作室.

屈冬玉，金黎平，谢开云，2010. 中国马铃薯产业 10 年回顾 [M]. 北京：中国农业科学技术出
　　版社.

宋国安，2004. 马铃薯的营养价值及开发利用前景 [J]. 河北工业科技（4）：55-58.

孙传范，2010. 原花青素的研究进展 [J]. 食品与机械，26（7）：146-152.

孙慧生，2003. 马铃薯育种学 [M]. 北京：中国农业出版社.

滕宗璠，张畅，王永智，1989. 我国马铃薯适宜种植地区的分析 [J]. 中国农业科学，22（2）：
　　35-44.

佟屏亚，赵国磬，1991. 马铃薯史略 [M]. 北京：中国农业科学技术出版社.

王宝律，1999. 马铃薯全粉 [J]. 农村实用工程技术（4）：34-35.

王娉婷，2018. 马铃薯淀粉应用进展 [J]. 江西饲料（4）：26-28.

王全逸，2010. 马铃薯多酚类化合物对结肠癌的肝癌细胞增值的影响及花色苷生物合成关键酶
　　基因的研究 [D]. 南京：南京农业大学.

王兆胜，2018. 散文的文化自信及其魅力 [N]. 文艺报，2018-11-21（2）.

魏章焕，张庆，2015. 马铃薯高效栽培与加工技术 [M]. 北京：中国农业科学技术出版社.

文丽，2016. 马铃薯营养价值探讨 [J]. 现代农业科技（4）：293-294.

许爱霞，2019. 干旱地区绿色食品马铃薯生产技术规程 [J]. 作物栽培（4）：44-45.

杨合法，范聚芳，牛新胜，等，2006. 沼肥与生物有机无机复合肥在保护地蔬菜上应用效果研

究 [J]. 华北农学报，21（增刊）：63-67.

杨智勇，李新生，马娇燕，等，2013. 彩色马铃薯花青苷研究现状及展望 [J]. 中国酿造，32
　　（7）：5-8.

叶庆隆，杨辉，陈占飞，等，2021. 榆林马铃薯 [M]. 北京：中国农业出版社 .

曾凡逵，许丹，刘刚，2015. 马铃薯营养综述 [J]. 中国马铃薯，29（4）：233-243.

张丽莉，魏峭嵘，2016. 马铃薯高效栽培 [M]. 北京：机械工业出版社 .

张尚智，2016. 马铃薯文化 [M]. 武汉：武汉大学出版社 .

张烁，罗其友，马力阳，2020. 我国马铃薯区域格局演变及其影响因素分析 [J]. 中国农业大学
　　学报，25（12）：151-160.

张玉胜，刘洋，高明杰，等，2020. 中国马铃薯产品国际竞争力比较分析 [J]. 农业展望，16
　　（9）：101-106.

张祚恬，白文杰，2019. 中国马铃薯文化 [M]. 武汉：武汉理工大学出版社 .

赵凤敏，吴刚，杨延辰，等，2003. 马铃薯雪花全粉加工工艺研究 [C] // 中国农业机械学会，
　　农业机械化与全面建设小康社会——中国农业机械学会成立 40 周年庆典暨 2003 年学术年
　　会论文集 . 中国农业机械学会：中国机械工程学会包装与食品工程分会 .

赵国磐，佟屏亚，1988a. 马铃薯的起源与传播（一）[J]. 种子世界（9）：9-10.

赵国磐，佟屏亚，1988b. 马铃薯的起源与传播（二）[J]. 种子世界（10）：14-15.

赵国磐，佟屏亚，1988c. 马铃薯的起源与传播（三）[J]. 种子世界（11）：10-11.

中国民间文学集成全国编辑委员会，中国民间文学集成内蒙古卷编辑委员会，2007. 中国谚语
　　集成内蒙古卷 [M]. 北京：中国 ISBN 中心 .